戀物、卻想一身輕。

本多沙織

前言

自己家中所有的東西加總起來，究竟有多重呢？實際上真的很難精準掌握。不過，外出旅行時呢？無論用行李箱或背包，將需要的物品塞進裡頭，然後隨身帶著走，再怎麼不情願仍要自己承擔重量。

第一次讓我有「不要擁有太多物品，想隨時一身輕」的想法，來自大學時期一次旅遊的經驗。那次是跟著幾個喜歡旅行的大人到泰國玩。到了機場集合之後，我發現除了我之外，所有人都只帶了背包，而我推了一只大行李箱。於是，必須隨身帶著行李的第一天與最後一天，真的是礙手礙腳啊！完全無法迅速穿越馬路搭上計程車，小攤子上吃東西也很礙事……。有了這次的經驗，我也去買了一只背包，出遊貫徹「行李用背的，讓行動更輕鬆！」的理念。背著背包旅行之後，雙肩會確實感受到行李的重量，正因如此，讓我愈來愈想「減少不必要的物品」。

自己挑選的物品，照理說應該會對人生有良好的影響。然而，有時候卻因為選擇的結果，讓某些物品成了壓在肩頭上的「負擔」。

怎麼樣算是「富足」的物質生活？

我是個戀物的人，每次挑選物品時總是雀躍不已。不過，我永遠提醒自己「不要輕易購買」。

因為我想要活得一身輕。

我的家裡只有生活所需最基本的物品，保持清爽。所有東西放在哪裡我都瞭若指掌，隨時可以立刻投入想做的事。家中物品及資訊的庫存量清楚之後，腦袋便也跟著清晰，這就是我心目中「一身輕」的狀態。

因此，即使我再戀物也不想影響到最嚮往的「一身輕」，而重點就在於東西千萬不能太多。話說回來，每一件擁有的物品照理說都應該對自己理想的生活有所貢獻。

有些人認為「東西數量多」＝「物品豐富」＝「富足的生活」。不過，萬一家裡到處堆滿了沒用的東西……，這麼一來，擠壓了空間，埋住其他要用的東西，便製造出讓生活陷入不便的空間。當東西多到無法掌握、歸納整理時，不知不覺就成了綑綁自我的束縛。不受外物煩擾，隨時能思考，想做的事情馬上實踐，保持靈活一身輕的狀態，才是真正的「富足」。

比「丟棄」更重要的事

當東西愈來愈多，家裡變得雜亂之時，想到的就是「要減少一點東西，丟掉吧」。當然，這是一定要的；但是，我認為不該只把重點放在「丟棄」上。

追根究柢，丟棄的物品當初也是「為了讓自己更幸福」而購買，最後卻變成了「不丟掉會變得不幸」。正因為如此，更希望各位關切到這一點。如果是一件已經長時間使用的物品倒還好，萬一是件根本沒用過幾次就遭丟棄的物品，實在伴隨著太多不幸。從一開始購買就是浪費金錢，在家裡白白占了好幾年空間，害得拿不到其他東西礙手礙腳……。回頭想想，帶給自己與家人的只有負擔。

問題究竟出在哪裡？明明老想著要用，卻因為粗心而忘了它的存在？還是自己能力不足沒辦法好好使用？不對，答案都不是這些。一切的根源都來自當初購買時沒有清楚判斷出「生活中真正必要的物品」。要挑選出真正能善用的「生活實用好物」，必須徹底檢討。即使很容易能判斷出「不需要」，但是在「需要」與「想要」之間得格外慎重。可能用沒幾次就丟棄的物品，當初根本就不該帶回家。

本多家的實用好物 各項精選愛用品

目前提包裡隨身攜帶的物品。追求「方便依照自己需求調整」而找到的記事本、優質品牌的麻布手帕等，都是日常生活中鍾愛的好夥伴。現在仍持續改善，目標是攜帶更少隨身物品。

吊掛在廚房的平底鍋，以及放在平台上的各項廚房用具、爐台上的Staub等鍋具，這些經常使用的工具就直接放在外頭。精挑細選的廚房用具展現機能美，外觀上也賞心悅目。話說回來，不收在櫃子裡收納最主要的目的是方便拿取，能迅速使用。

如何因應衝動型購物

比方出門想買衣服，結果逛了半天卻找不到想要的。這時候看到一件「感覺普通好看」的衣服，腳已經走得痠了，差不多也到了該回家的時間，價格還算合理，接下來你會怎麼做？

我想應該很多人會乾脆買了吧？要是這件衣服真的很實穿倒沒問題，但是未經深思熟慮就購買的物品，能夠好好發揮效用的機率通常不高。如果只是因為「好看」、「便宜」、「不想空手而歸」等原因就買下，目的都不是為了物品，而是戰勝不了自己的「慾望」。只是有點喜歡的東西，在心情上買了會比不買輕鬆；然而，在不久的未來就是得面臨生活之中充滿沒那麼喜歡的物品。千萬別再這樣了！

話說回來，出門血拼卻落得空手而歸，的確會感到很空虛呀！遇到這種狀況，我就會跑到百貨公司美食街，買個好吃的紅豆麵包。這麼一來就不會亂買東西，回到家還有美味紅豆麵包撫慰心靈，同時也能獲得「出門購物」的成就感。

一旦感覺到「我現在又要亂買東西了」的時候（必須誠實捫心自問是否有這種感覺），先暫時走到店外別下手。冷靜下來想一想，若還是想買再回去也無妨。不過，多數狀況應該都會鬆一口氣，「還好沒買！」。而且幾乎沒多久就把這件事忘得一乾二淨了。

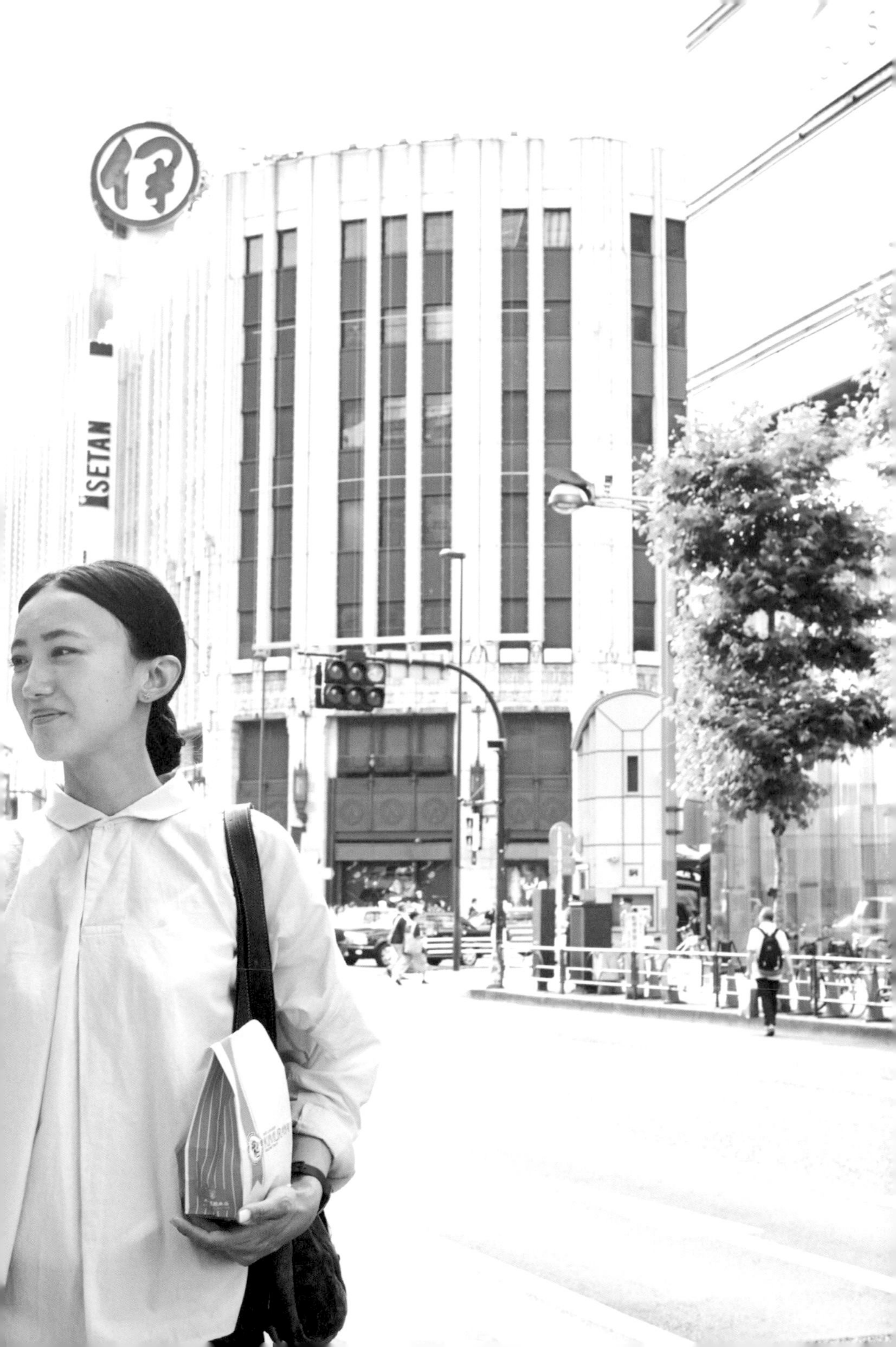
伊
ISETAN

惜物生活

頂著「整理收納顧問」的頭銜，並以「一身輕」為理念，加上住在狹小的房子裡只依恃家中少數物品生活。通常聽到這樣的介紹詞，很多人會誤以為「妳沒什麼物慾吧？」其實並不然，我對物品的慾念非常強烈。

正因為這樣，我才熱中於貪心挑選物品。比起自律地捨棄，不如自律地挑選，然後使用得久一點。熱中的並非「收集」物品，而是要「挑選」物品。買是無妨，但是我可不想落得一下子興趣缺缺、失去使用時的喜悅。

當然，經過深思熟慮之後購買卻仍失敗的例子也不少。雖然令人很不甘心，然而一次的失敗便會成為之後最好的教訓。拜這些失敗與教訓之賜，才讓我學會現在的選品技巧。

本書將介紹我在生活中使用的各種物品，然而這些並非是要推薦給所有人。每個人生活中注重的面向都不相同，因此最理想的選品不會一樣。我自己也仍在摸索，選品時落實「對我而言的理由」。希望藉由這本書的實例，讓各位讀者在挑選物品時也能多思考一下。

目次

3 物品是人生的好夥伴

正因為戀物，更想與精選的物品輕簡過生活！

column

1 如何活得一身輕

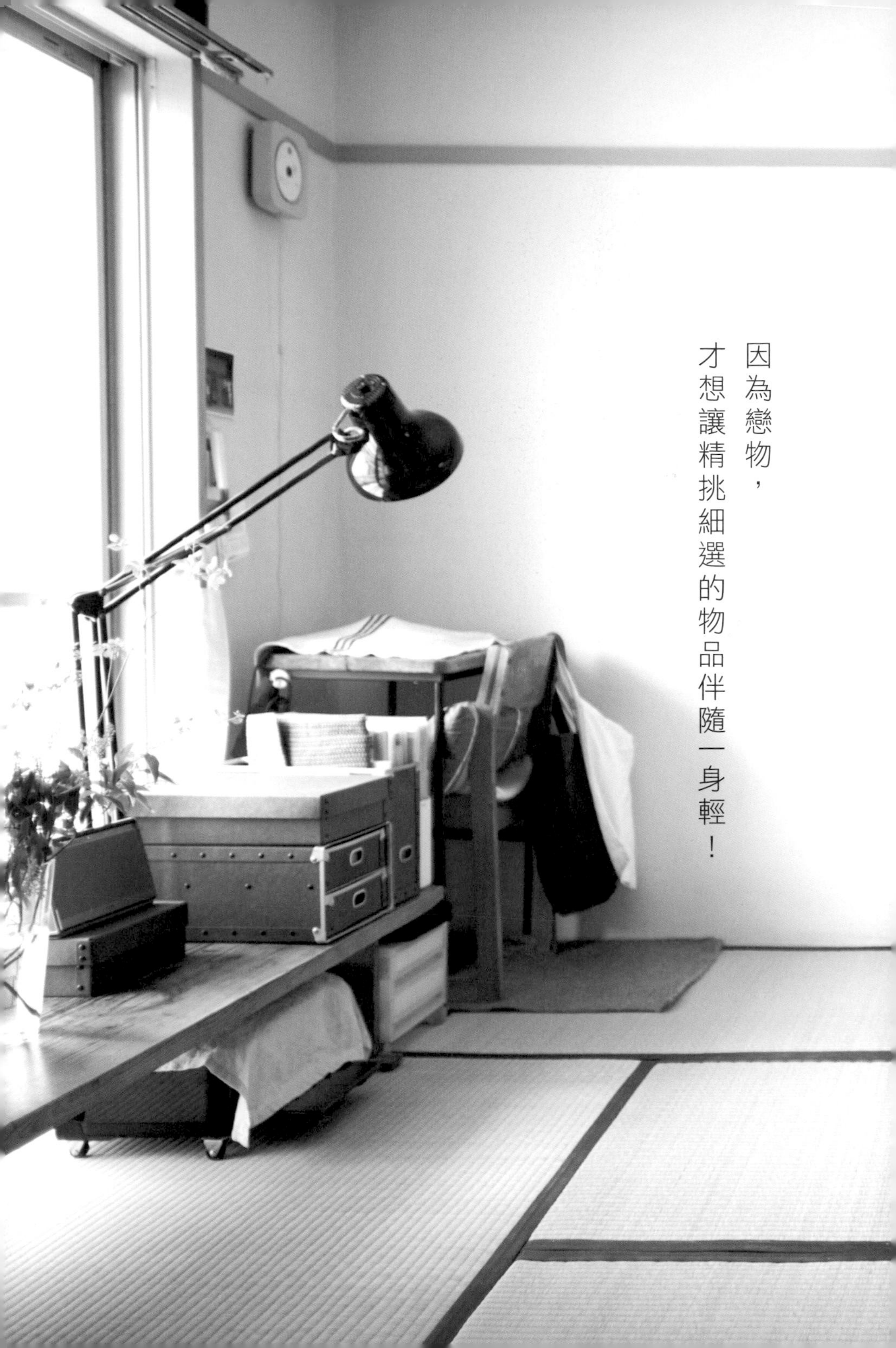

因為戀物，
才想讓精挑細選的物品伴隨一身輕！

1 所有物品都落實「現役主義」

每一件物品都實用，心情暢快無比。物品和自己都感到幸福。

仔細想想，要物品做什麼呢？毫無疑問當然是拿來用的。

「愛惜物品」的意思，並非把東西收藏起來絕不使用；反倒是在日常生活當中經常使用，才能夠發揮物品的價值。

我很喜歡器物，常常一看到就想要，但是我也會強忍下來。因為一旦增加新的，就會減少了其他器物亮相的機會。

家中堆了用不到的物品，只會增加沒有實質好處的成本，而且占去家裡的空間，遠離舒適的生活。我可不想變成這樣……。

因此，持有物品以重質不重量的原則最為理想。讓擁有的物品幾乎都居於生活中使用的「現役」地位，將意外發現從此神清氣爽，生活起來輕鬆多了。

理想的飯碗

5年前，我用了一只燙到很難端在手上的飯碗，接下來我忍著燙，很有耐心等待遇見心目中理想的飯碗。終於，我在京都找到了。無論是色澤、散發出的氣氛，以及稍微圓潤的造形，完全切合我的喜好，令我大受震撼。讓我再次深深感受到，不隨意妥協而等待真愛出現，實在是太好了。

這只容器不僅能當飯碗，無論盛湯，或是拿來裝小菜，都能讓菜餚看起來更美味。每天都能派上不同用場，在「現役」之中可算是明星級的角色。

家中沒有專用的餐具櫃。即使是名家作品也不會收藏起來，全都以外露的收納方式，方便拿取。

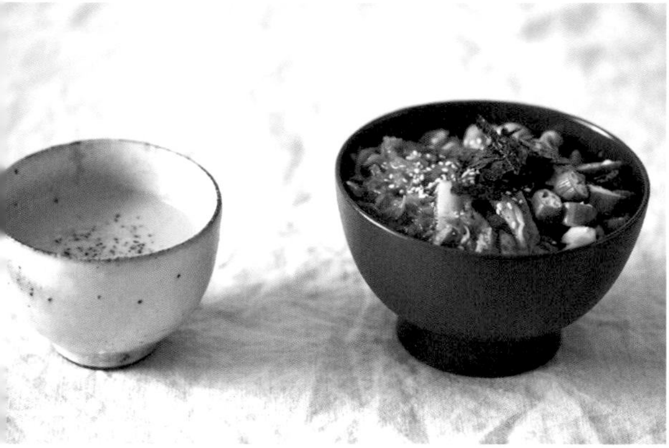

廣川繪麻製作的飯碗平常盛飯，有時也用來裝湯。赤木明登出品的漆碗，平常盛湯，今天則用來盛放「黏糊糊泡菜蓋飯」。

現役選手要精挑細選

湯碗也一樣，我們夫妻倆花了好多年時間尋找。幾年前終於找到的這只漆碗，用來盛裝一小碗蓋飯或是裝其他料理看起來都教人食指大動。不僅如此，即使經過好幾年，每次使用都感到更加愉快。正因為是每天要用的「現役選手」，才要更精挑細選，找出能讓自己愛不釋手的好東西。

家中的器物裡，就屬這一只打破了讓我最傷心。雖然缺了一小角，還是請朋友幫我補好，而且愈來愈喜愛。

2

不從「擁有大量」而從「每一樣都喜歡」來獲得成就感

即使擁有的不多，但只要每樣都喜歡，就能感到滿足，生活也不會那麼複雜。

not 大量、but 開心

左起，主要有旅行用（Dove&Olive × evam eva）、使用10年的資深選手（廠牌不明），以及可放入A4檔案夾的背包（STYLE CRAFT）。

愈是喜歡衣服的人，愈容易掉入的陷阱，就是一不小心便擁有大量的衣服。然而，當數量過多時，會連原本喜歡的都找不到。

我認為，物品真正能讓人心動的數量是有限的。比方說有50套衣服，很難會覺得每件都「喜歡得不得了」。捫心自問，真的愛不釋手的，了不起就10件吧？而這10件如果再加上新的10件，看起來就會覺得舊了。這簡直就是個無限的輪迴。於是，大量服飾乍看之下似乎有豐富的選項，實際上卻很難從這麼多衣服裡挑選出來搭配。要是穿搭不得宜，搞不清楚自己的喜好，無法得到滿足感之下，就會繼續盲目購物。

很容易占領衣櫥的——包包

不知不覺就累積不少而且很占空間的一項物品，就是包包。尤其很多女性都愛包包，衣櫥裡頭不知道堆了多少。當然，幾乎很多都是從來沒用過的。

我會刻意提醒自己，盡量不要有多個功能類似的包包。訂出「工作時放文件、資料就用這個」、「出門旅行用這個」，這麼一來挑選時不必費心猶豫，日常管理也很輕鬆，收納更是只需要一個抽屜就夠了。

「不知不覺增殖」的物品代表——便當盒週邊用品

我先生差不多天天帶便當，我自己偶爾也是，不過我們倆不會同時帶，因此家中所有便當盒周邊用品就只有照片裡的這些。水壺用的是可以只換壺嘴的類型，分成「單手開關One Touch直接喝」與「倒進杯子裡喝」兩種，有一支水壺就夠了。

廚房收納中容易占空間的便當盒周邊用品及水壺。覺得好像隨時用得到就捨不得丟，一方面又很容易下手購買。盡可能控制在最基本的數量。

3 了解「當下」隨時在變化

人生持續不斷變化，自己也不會永遠保持不變。因此，擁有的物品也要經常檢視，適時徹底清點。

時間過得很快，我們卻沒發現，自己也以相同的速度在改變。隨著年齡增長、有了孩子、喜好變化，立場與觀點也不一樣了。

當然，生活中的優先順位、重視的東西也會不同。例如，有一段時間很有興趣做甜點，卻荒廢已久，只是櫃子裡仍塞了很多工具，占去生活的空間。或者5年前覺得「絕對捨不得丟掉！」的衣服，現在可能沒那麼喜歡了。

所謂「當下」，時時刻刻不斷更新，那麼就不該一古腦堆積著「過去」，應該要好好整理，打造出「當下」該有的面貌。不時找機會好好檢視手邊的物品，適時「徹底清點」，也有助於改善日常生活。

更新的訣竅

處理掉不需要的物品，其實根本不必感到內疚。只要體認到「人是會變的」、「喜好與想法不可能永遠相同」，對於不需要的東西就不再那麼執著，也能接受改變，容易放手。

例如，以衣服來說，換季時定期重新檢視、淘汰，重複進行就會愈來愈進步，懂得在取捨時把焦點放在「當下」。

哪些衣服適合當下的自己

最近覺得又需要外套了，於是買了無印良品的「可以摺得小小的聚酯纖維外套」。列出「沒那麼常使用」、「放在隨身包包裡以備不時之需」、「近期計畫出差」等幾個條件後，這項產品的功能剛好符合。此外，服飾也要針對自己的年齡、環境、需求的功能等條件來更新。

另外，像是最近發現原本最喜歡的沙棕色，變得沒那麼搭自己的膚色，如果能在臉的周圍搭個適合自己的白色，就能更加深輪廓的形象。適合的服裝也會隨著年齡與季節變化。以當下為標準，精挑細選出留在身邊的衣服，也能不斷享受具有自我風格的穿搭樂趣。

以稍微變化的搭配來改變形象。

2年前上雜誌拍照用的幾件外衣之中，確定有2件已經沒什麼機會穿，在這2年內就淘汰了。

4 隨時著手改善生活

配合生活上的改變，收納與空間的使用也要更新。

Before

家中物品隨著時間出現變化時，收納的方式也必須依照改變後的生活及物品來調整。千萬別拘泥於「這個東西就該放在這邊抽屜」的既定習慣，隨時檢查更新是否有更適合的收納地點。其實過去我也這樣，觀念上總覺得「內衣與內褲要放在一起」，因此放在洗手間，每次換衣服時得特地從臥房走去拿內衣。忽然有一天靈機一動，把內衣與其他衣服收在一起，變得方便多了！重新思考物品的使用方式與收納地點，連帶著讓生活更加輕鬆愉快。

左起：酒精噴霧、氧化型漂白劑、小蘇打。全部換裝到外觀簡單明瞭且方便使用的容器裡。

換用多功能清潔劑

過去我掃廁所會使用廁所專用清潔劑，洗衣服也會用專用的漂白水。但是清潔劑的數量一增加，無論收放的空間或是添購等花的時間與心力都要增加。

因此，我嘗試拋開清潔劑必須「○○專用」的觀念。

我準備了酒精、過碳酸鈉（氧化型漂白劑）以及小蘇打三種。其實基本的打掃用這三類就能全部包辦。

酒精噴霧在擦拭時噴溼同時殺菌，方便好用。小蘇打則是用於水槽、浴缸、流理台等潮溼的地方，還有去除鍋子焦垢。至於過碳酸鈉，可用來漂白衣物以及清潔洗衣槽。使用這類萬能清潔劑，讓日常打掃更簡單輕鬆，管理起來也比較單純。

5
「激發更多物慾！」在選品時增添更多娛樂性

釐清自己想要的東西，就可以控制物慾。

要享受選擇物品過程中的快樂，而不是到手那一瞬間的快感。要遇到「就是這個！」完全符合心目中理想的物品並沒那麼簡單。話說回來，以「接近理想」來妥協的話，就覺得自己敗給半調子的物慾。

遇到這種狀況，更需要激發出物慾告訴自己「會有更好的！」，享受更多選擇的樂趣。這麼一來，不但能買到讓人真正感到幸福的物品，另一個好處是無論走到哪裡都很清楚自己想要的，對不需要的東西連正眼也不會瞧上一眼，就不會盲目購物。

之前我想要個能塞進廚房空隙的小推車，尋尋覓覓花了一年的時間也沒找到。我堅持不隨便買，在這段期間就先以露營用具來代替。後來在網路拍賣上找到營業用的小推車（二手貨），還記得那一刻有多開心。

從0到1的購物

要在自己的生活中納入過去沒有的東西，從「0」到「1」時，要特別謹慎。由於只想要有一個，最好能挑到自己的真愛。此外，也希望在挑選時的心情像是找到一個可靠的夥伴，一同探索全新的世界。

①Swatch的手錶

打從7年前出門旅行時弄丟了手錶（淚），我就一直過著無錶生活。當時心想，「要買的話，就要在我這個年紀上看來高級而且特別的一款」。結果實在找不到，我的想法稍微轉變，「暫且不管價格，而要能適合現在的我」。那麼，就是沒有多餘裝飾、時刻清晰好辨識的手錶。另外，一般使用上能防水，加上顯示日期與星期幾就更好了。換個想法之後，有天碰巧看到的這支Swatch完全切合我的需求。

這讓我體會到，很多物品都是踏破鐵鞋無覓處，而在不經意的瞬間巧遇。

②Suria的瑜伽墊 & Patagonia瑜伽提包

自從上了瑜伽課，就必須準備瑜伽墊。過去我曾經在低價量販店買過便宜貨，卻因此沒好好使用，沒多久就得扔掉。這讓我非常懊惱，決定要重買個品質好一點的，愛惜使用。

遇到挑選這類我完全外行的物品時，有個熟悉這個領域而且可靠的朋友提供建議真是太好了。於是，我想起過去有個擔任瑜伽老師的朋友，曾在部落格介紹過產品，毫不猶豫就下手了。

③貝印廚房剪刀

我花了好多年的時間，想找一把用起來感覺與菜刀一樣的廚房剪刀。但是從日本國產到進口貨，種類各式各樣，實在無法鎖定一把。

有一天，我發現伊勢丹百貨公司的生活用品區設了廚房剪刀的特展，一想到有機會比較各種產品，我立刻衝去！在眾多產品中吸引我的全是造形簡單的種類。

其中貝印的剪刀因為能拆開來清洗而成了致勝關鍵。我想用剪刀來剪肉，最好是縫隙也能清洗乾淨。這把剪刀現在在家裡無論剪肉類、蔬菜都很輕鬆，大大發揮。要簡單切點食材時也不需要動用砧板，好用得不得了。

將燙熟的秋葵剪成小丁狀加入納豆。

可以拆開清洗，常保清潔。

④ＬＡＭＹ鋼筆

我有個經常寫信給我的好朋友。她的字寫得流利，很有韻律感，非常漂亮。一問之下，才知道她所用的是鋼筆。

就這樣，我突然對鋼筆產生了興趣。心想著，自己要是也能在卡片、便箋上寫下美麗工整的字跡該有多好……。

之前就看過朋友的ＬＡＭＹ，很喜歡它的設計。在賣場的文具區看到，試寫之下，立刻被流暢的書寫手感感動！而且價格也很合理。

現在除了寫信之外，平常開會討論或是製作自己的待辦事項清單時，我都用它來寫，愈寫愈輕鬆，享受書寫時的暢快手感。

⑤香氛石擴香

由於我平常搭車的時間很長，希望讓車內的環境更舒適。過去，我使用香氛噴霧，讓車內充滿香氣。不過，我想點用燻香讓香氣更持久！

雖然有插在點菸器上的擴香，卻沒有我中意的外形。半年來，我逛遍了香氛商品、汽車用品，以及生活雜貨等商店。

終於，讓我找到了這款香氛石擴香！之前我一直想著燻香，忘了還有擴香這種類型。不但能讓香氣持久，造形也很棒，就決定是它了。我先生也很喜歡，還買了同一款送給主管。

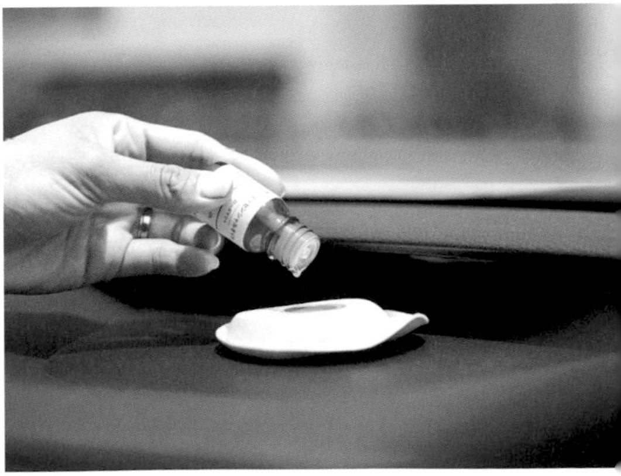

最近車內使用的香氛是薄荷或迷迭香。大概每開三次車之中有一次將精油滴到石頭上，就能享受滿車香氣。

6

住家是反映一個人的鏡子

將此刻珍惜的事物反映在住家環境。

家中放置的物品，還有物品的放置方式，都能看出住在裡頭的人的生活軸心。是常聽音樂呢？還是喜歡綠色植物？或者用餐時最重視哪些細節……。

每個人對於生活習慣、優先順位、擅長或不擅長的領域各有不同。我理想中的生活，不是讓自己去配合住家，而是最好能打造配合自己的住家。

客廳裡我最重視的就是能刻意留白，讓我看見另一頭窗外的景色。為此，我將沙發面朝窗戶擺放，坐在沙發上可以看著外頭，一邊深呼吸。要讓這裡保持空間上、心理上的從容閒適，我在客廳裡放的只有「真正用於客廳」的物品。此外，考量到方便打掃，以及讓空氣好循環等條件，我提醒自己在客廳裡盡量不把物品放在地上。

廚房裡的茶具用品區。茶葉一定會像「三年番茶 7／10」這樣標示開封日期，提醒自己在期限內用完。

從住家看得出目前重視的事物

對我來說，能在自家喝杯茶，放鬆心情，就是極其享受的寶貴時光。無論多忙碌，或是情緒陷入低潮，我都希望能保留這段飲茶時光。因此，家中收納最棒的地方、方便拿取的位置，就留給茶具用品。

將自己平常待的地方打造成舒適的空間，是人生相當重要的課題。從外頭回到自己的小天地，能夠感到安穩、平靜，就能讓身心充電。這股能量將會成為我們繼續到外頭打拚的力量。從日常身處的空間來打造自己，就像人家說「身體是由冰箱裡的食物組成」一樣，我認為也可說「個人是由住家打造而成」。

7 生活中切勿放任「不知道」的狀況

所謂的收納，就是不放任身邊有「不知道」的物品，隨時保持明確且舒適的狀態。

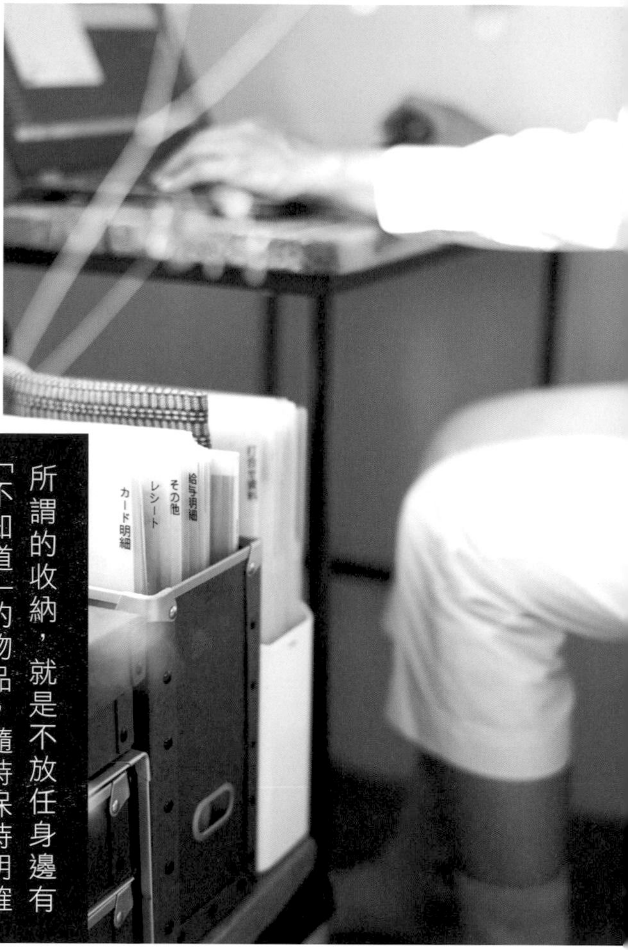

「待會兒」再來整理，「暫且」先放進來，然後堆積如山的物品，演變成「不知道到底是什麼」，這種令人傷腦筋的狀況。面對「不知道」時，往往令人心情不太好。一個讓人神清氣爽的舒適住家，應該是當被問到收納物品「這是什麼？」時能夠立刻回答。因此，在我家中有三項隨時要留意的重點。

第一，收納時要能看見內容物。重點就在「一目瞭然」。即使不使用也能在每次看到時留下印象，清楚知道東西在哪裡。

第二，分類。

第三，看不到的地方就標示清楚。平常不在視線範圍內，很容易忘了有這些物品，一不小心就失去使用的機會。清楚的標籤可以彰顯物品的存在，就能在該用的時候好好運用。

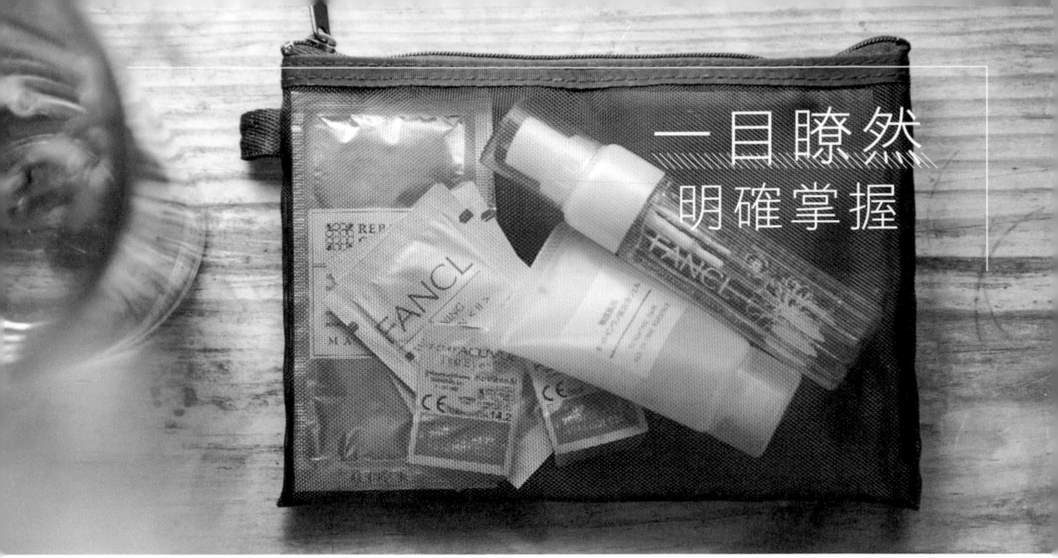

一目瞭然 明確掌握

① 網袋

使用收納用具、保存容器，以及收納包時，建議選用可以看見內容物的材質，最好是一看就知道裡頭裝了什麼。反過來說，材質不透明、加了蓋子或是深度較深，看不見裡頭的內容用起來就不方便。

照片上是旅行用的個人清潔用品。用網袋來收放各種小東西非常方便，無印良品的大、中、小三個尺寸我都有。裝在裡頭的東西一目瞭然，非常好用，拿來收放家中的線材、小零件等也很實用。

使用看不到內容物的不透明小收納包，腦袋裡必須清楚記得細節，否則經常會「打開來卻不是要找的這一個……」。在外頭把包包翻來覆去找不到東西時，壓力會很大。

② 夾鏈袋

透明且具有密封功能的夾鏈袋，除了廚房之外也能靈活運用到家中各個角落。不但能清楚看到內容物，還能壓出空氣以小體積收納，這些都是夾鏈袋的優點。

在我家會用來裝一些收據，另外藥品與處方箋也會成套收放。使用看不到裡頭的信封或是塑膠袋，一下子就「不知道」內容物，必要時沒辦法立刻找到，連帶著得翻箱倒櫃，把屋子弄亂。

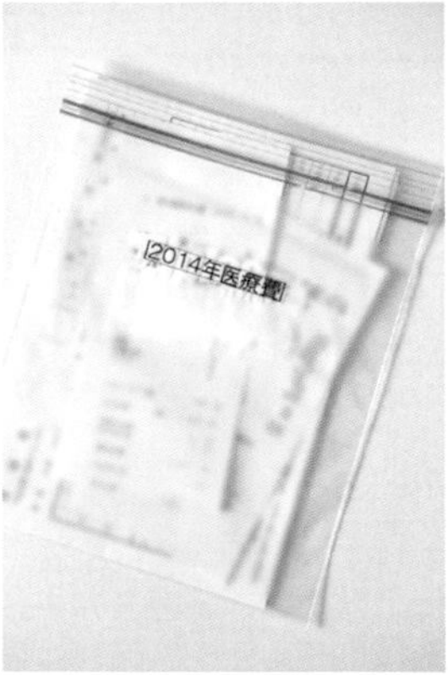

清楚標示 一目瞭然

讓資訊也「看得見」

前一頁提過，收納最理想的狀態就是當被問到「這是什麼？」時，可以立刻回答。因此，最好避免把各種各類的東西混在一起。換句話說，將性質類似的東西分門別類很重要。

經過分類、標示，更明確了解內容物，這麼一來，家中每個人看到都能「一目瞭然」。

此外，不僅內容物，如果能在標籤上備註使用時參考的資訊，更是方便得不得了。以我家為例子，在洗衣粉的容器上特別備註了每次的適合用量。這不但讓我在洗衣服時更順利，連平常沒做慣家事的先生也能清楚了解用法。

除了這個，我還會在日曆上標出「可燃垃圾」、「瓶罐類回收」等各類垃圾該倒的日期。這樣就不必再拿出傳單來對照，可以迅速行動。

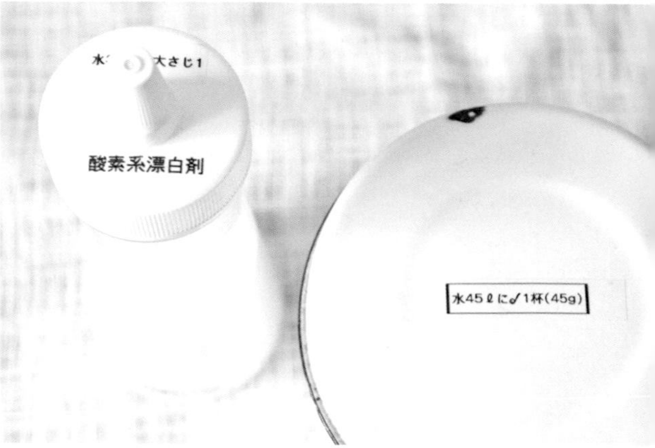

「擦鞋」

收在玄關的一盒擦鞋工具上，貼著「擦鞋」的標籤。先生對鞋特別講究，在我們家，擦鞋是他的工作。身材高大的他，經常在窄小的玄關彎著腰很認真地擦鞋。

貼了標籤，對這類容易忘記的事情具有提醒作用。先生連我的鞋也會幫忙擦乾淨，非常感謝。

試著製作個人史年表

從事這份工作之後，向別人自我介紹的機會變多了。明明是講自己的事，卻經常忘記。於是，我嘗試製作一張自己的年表。

什麼時候對哪些事情有興趣，展開什麼樣的行動，客觀回顧自己的過去，縱覽之下會有很多發現。將過去攤在眼前一目瞭然，似乎也有助於訂出未來的方向。

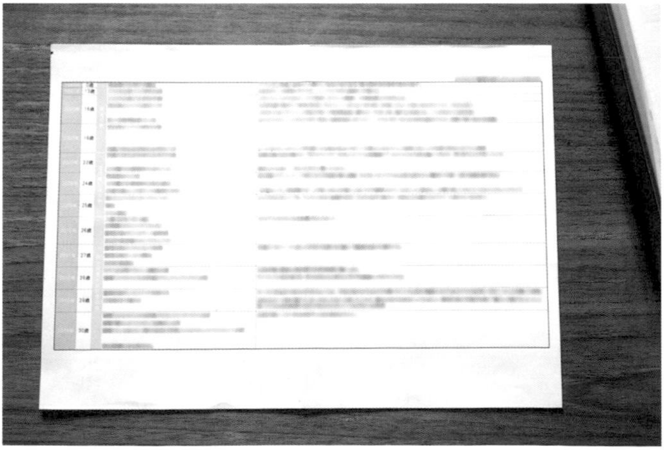

8 過多的收納會招致不幸

現在大家追求愈來愈多的收納空間，但這樣真的好嗎？

結婚之後搬進來的這棟社區公寓真的很小，也沒什麼收納空間。不過，現在卻覺得這樣才好。回想剛搬來時，窄小的家裡塞滿了兩個人的東西。後來把所有物品全數嚴格篩選過一輪，剩下的只好全清理掉。然而，這也在日後帶給我們莫大的幸福。

多虧了這項作業，整個家中留下來的全都是「有意義的物品」，從此展開新生活。這麼一來，自然而然養成了避免帶回「不需要」的東西。

如果當初搬到一個有充足收納空間的家，會變成怎麼樣呢？可能無論需不需要，所有東西都先收起來再說，不過一旦要用什麼時卻會找不到。既然找不到就再買，於是東西愈來愈多，如何收納也變得更頭痛。

不幸還會持續下去。家裡堆滿東西，住起來不舒適，接下來很可能又想用購物來填補空虛的心靈。亂花錢、東西愈來愈多，家中混亂的狀況不斷惡化。即使想設法整理，也不過是找出空間繼續亂塞，擾亂了家人的生活動線。結果，全家人待在一個彆扭的空間裡，很可能也會引起家庭失和。

近年來流行「收納空間多的住家」，但我認為除非屋主有高超的管理能力，否則很容易變成「引發惡性循環的住家」。

如何在篩選之後留下真正想要的東西

我家玄關的櫃子裡不只收放鞋子，另外還有書本與CD。我先生很喜歡音樂，一直擁有大量的CD。不過，數量多到有時根本忘記有哪些，或是想聽的時候找不到。

正因為喜歡CD，更希望能有系統地收納，隨時可以輕易地找到每一張CD。在有限的空間中要達成這個目的，就從「無論如何都想留下來」的物品當中，重新編輯架構。因此，我先生經過三次左右的重新檢視，加上將樂曲數位化等工夫，成功把CD減少到不到原先的一半，完成自己的精選收藏。

收納空間未必愈大愈好。要是無法塞入太多物品，就得經過篩選，留下真正想要的，藉此培養「編輯自我」的能力。

沒有收納空間就發揮巧思

開放式層架活用術

廚房的開放式層架

無論從正面或側面都可以拿取物品的開放式層架，最適合用在作業頻繁的廚房裡。重點是能夠依照自己的需求來調整，像是加入抽屜，或是下方留出空間放垃圾桶之類。

洗衣區的開放式層架

無印良品的開放式層架，最適合洗衣機四周沒什麼收納空間的租屋族。可以使用側邊空間，可以吊掛，可以吸磁鐵，腳的高度能夠左右分別調整（必要時只有一隻腳放在洗衣機底部的接水盤裡）等。非常好用！

嘗試將冰箱變小

過去我們所使用的冰箱容量有427公升，對兩夫妻的小家庭來說太大了。就與其他物品的收納一樣，管理起來相當辛苦，一不小心很容易把食物放到壞掉。換成容量較小的無印良品270公升的款式後，冰箱裡的物品一目瞭然，食品的報廢率也明顯降低。

縮小收納空間（冰箱）之後，也能體會到購物時該如何判斷出一家人足夠的分量。

試著將收納空間變小

嘗試將記憶體變小

之前換新iPhone時，一不小心誤買成記憶體16G的機型。過去我一直都用64G的耶……。

沒想到，這樣才對！因為得經常整理照片、音樂與APP，現在只要想找什麼資料就能立刻叫出來！連帶也讓工作變得更有效率。

9

不想讓人生過得太複雜

隨時保持心情輕鬆的狀態

工作加上家事、帶孩子、雜務……，生活愈忙情緒愈是糾結。這種時候更需要花點時間來把房子整理得清爽一些。生活的空間變得紊亂，光是這樣就讓人心煩。

心理狀態會受到身邊的物品、房子、腦袋、時間等這些周遭環境很大的影響。持續整理生活中看得到的、看不到的林林總總，就能卸下自身的負擔。

在有條有理的屋內，整理起腦中思緒也比較快，等於打造了有效運作的基礎。

我的立足點就是「不想讓人生過得太複雜」這個強烈的信念。世界上有太多的人、事、物，我希望不要盲目一把抓，而是精挑細選到真正吸引自己的，在生活中細細品味。

在自己能容忍的程度下，仔細慎重挑選，不跟著過多的人、事、物團團轉，這就是我心目中「一身輕」的狀態。

基於這個理由，我也不上社群網站了。雖然不知道朋友的近況難免有些孤單，但真的有心想了解的，我就會主動聯絡。那些虛應故事的交際應酬，始終不會有什麼好交情。

最重要的是釐清一切。狀況一旦變得複雜，就會看不清。日新月異的網路環境，人、事、物的關係變得複雜。在這樣的環境下，應該要建立主動而非被動的關係。

有系統收集資訊更方便使用

工作計畫、有興趣的店家，這些需要收集的資訊，我全都集中收存在筆記本與 iPhone 裡，不收到其他地方。因為這兩件工具我隨身攜帶，無論在哪裡，需要時都能立刻搜尋。收集資訊時，我總會在考量「搜尋」下做筆記或數位化。重點就是，整理時要想到無論在什麼狀況下，都找得到自己想要的資訊。

即使是手寫的資料，我也會用色筆區分，或是以索引標籤、檔案夾來分類，在取用時更清楚、方便。

物品收納上也秉持完全相同的原則。若沒有先設想好使用時的狀況，真到要用的時候就手忙腳亂。

資訊也要分類

電子郵件軟體我使用 Gmail，因為具備「容易分類」以及「視覺上簡單明瞭」的特點。在「信件自動分類設定」中使用「加上標籤」的功能，就能將信件分門別類，想檢查哪一類信件立刻能找到。

加標籤時會花點工夫，但多一道工夫就能讓日後搜尋所需資料時方便許多，整體來看其實節省了更多時間。不但連帶提高工作效率，也因為容易回信，讓文筆不好的我在應對時更順暢。

這也跟日常收納物品時一樣，愈忙才愈該抽時間整理，讓我體會到奠定有效作業的基礎有多重要。

10

在人生中
揮灑多數的「迷人時光」

與誰？在哪裡？
享受什麼樣的氣氛？

我雖然戀物，但是這些東西在身後都帶不走啊……。想到這裡，就覺得既然如此，更應該在這輩子擁有多一點「迷人的時光」。

比方說，同樣是10萬元，與其花在購買物品，不如用在生活體驗上。希望自己的人生中，有好多好多與心愛的人在喜歡的地方，一起感受大大小小的幸福片刻。

當然，這與擁有什麼樣的東西、過什麼樣的生活有很大的關係。最能放鬆的居家環境必須整理得舒適，想在外出時享受一段迷人的時光，也要在出發前先花時間收集相關資訊。

光是茫然度日是很難體會到「迷人的時光」的，建議最好能有充實的準備，調整好心態，以主動的態度來迎接。

日常中的迷人時光

洗完澡，在睡前的這段時間，想享受一下內心徹底的自由。因此，在洗澡之前把所有雜務處理完畢，家裡也收拾好。

洗過澡，迅速地完成日常保養，在「接下來只等入睡～」的心情下癱到沙發上。手邊的保溫壺裡裝了熱蕎麥茶，啜著熱茶邊悠閒讀書。不一會兒，睡意襲來，鑽進被窩裡對自己說一聲「今天辛苦啦～」隨即進入夢鄉。

這看似極其平凡的日常迷人時光，其實非常珍貴。為了享受這段時光，必須要有喜歡的沙發、茶几與茶具組。而對於生性懶散的我來說，最重要的是有個收納空間不多、一切簡單明瞭且容易收拾的住家。

旅行時的迷人時光

因為嚮往大自然療癒人心的能力，最近旅行常選擇接近大自然的地點。相同地，我最喜歡的咖啡也是身心放鬆時很重要的必備品。

到福岡時，走進喜愛咖啡的朋友推薦給我的咖啡廳。在溫暖宜人的春日，坐在靠窗的座位欣賞青翠的綠樹，就很幸福。有時觀察著飛來的野鳥，細細品味老闆精心沖泡的咖啡。

或許沉浸在書中的世界，或是深呼吸欣賞綠意，其他顧客的對話也融入背景像是配樂。這樣的空間太迷人，忍不住續杯咖啡，一待就是大半天。近年來，我總是希望能在這麼美妙的氣氛之中，細細品味對方貼心款待的片刻。

column

聽聽他們怎麼說❶

中島有理

曾任職成衣業，二〇一五年六月，為了幫助父親的工作將祈求福島重建的織品推廣到全世界，隨身只帶了最基本的生活用品就遠赴英國。「具超凡行動力，每次碰面都帶給我不同刺激，與眾不同的高中時期好友。」

Fukushima Knit（福島織品）
http://fukushima-knit2015.wix.com/fukushima-knit

Q 隨身包包裡裝些什麼？

①水壺 ②iPod ③棗子與杏仁果（隨身攜帶用來填肚子）④錢包 ⑤口金包（多次回購的 Marimekko 口金包）

口金包裡頭有…

只有4張卡片！自行剪裁透明夾製作的零錢包很別緻。

包包裡的東西能展現一個人的風格！

搬到一間2坪大的公寓一個人住的時候，中島小姐就決定「要讓家裡的物品控制在100件（消耗品除外）以內」。她親身體會到在少量物品下生活的富足感。目前她特別花的工夫就是用Excel來記錄購買的物品，以明確掌握數量。前年她甚至還一舉減少了20件！「因為不想寫清單就不買了。一旦擁有就丟不掉，也不想再增加。」

現在她持打工度假的簽證到英國，展開行動想透過織品來介紹日本文化。而她成立的品牌名稱就叫做「Fukushima Knit」。

中島小姐原先學的就是服裝，也曾任職於成衣界。在疊著幾萬件大量生產的衣服時，她忍不住想問，「做了這麼多衣服讓人買回去，脫下來，

Fukushima Knit的肩背包。特別講究背帶的長度，非常實用。

Q 有什麼讓你持續回購使用？

A 勃肯涼鞋。

最喜歡它的舒適感與耐用性。照片中穿的是5～6年前買的「蘇黎世大單片拖鞋」。

每個人都有一些無條件鍾愛的物品。

Q 有什麼是你放任自己可以重複購買的？

A 襯衫。

無法抵擋條紋襯衫的吸引力。其中更有2件是父親年輕時穿的。

丟掉，這樣究竟有什麼意義？」

她想做的是有故事的衣服，想讓消費者了解那件衣服背後的意義，做出讓人想珍惜的商品。在這樣的背景下，出現的就是「Fukushima Knit」。

福島的織品產業除了有工廠外移到中國的問題，還因為受到震災影響，經營得很辛苦。為了不讓這項產業成為絕響，希望善盡一己之力，於是她投入產品的企劃與設計。

中島小姐設計的織品，在簡約中兼具溫暖與創新，對外界傳達日本製造的優點時，是一項非常理想的工具。

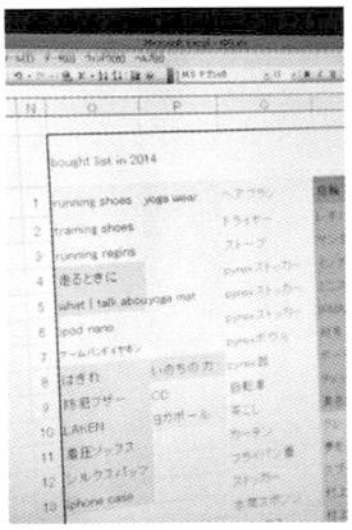

所有物品都以Excel列表管理。目標設定在100項之內。

column

聽聽他們怎麼說②

山中富子

布藝創作家。「CHICU+CHICU5/31」創辦人。過去曾經營過古董道具店，現在則成立從設計到縫製一手包辦的服裝品牌。在「Senkiya」(埼玉・川口)裡有直營店。著有《用舊布來製作》(主婦與生活社)。「她設計的寬褲我非常喜歡，一週有一半時間都穿這件。在所有服飾中這件最能獲得其他人讚美。」

Q 隨身包包裡裝些什麼？

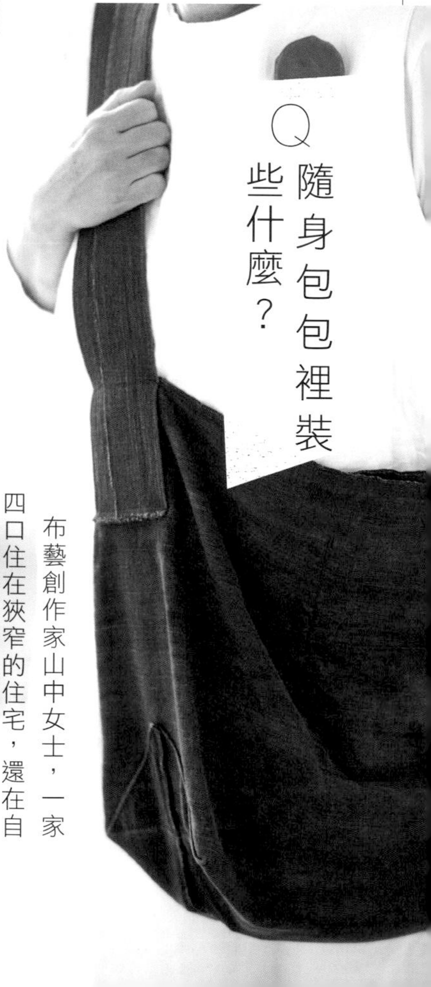

包包裡的東西能展現一個人的風格！

①提包(富澤恭子的柿澀染作品) ②筆記本3本(打算購買可收放3本的套子) ③化妝包(放眼鏡) ④皮夾(回購多次的POSTALCO) ⑤收音機小袋 ⑥票卡夾

布藝創作家山中女士，一家四口住在狹窄的住宅，還在自家開店，拓展自己的事業。前年重新裝修了屋齡40年的老公寓。

拜訪她的住家，沒有任何多餘的裝飾，倒是不少古物散發出獨特的風韻，看得出她喜愛古董歷經歲月後呈現的樣貌。家中雖然有不少擺飾、古董道具等，物品不算少，仍保留清爽的開闊感。這是因為家中有個規則，就是「分清楚可以展示與需要收起來的物品」。透明的餐具櫃裡，精美的器物一字排開。「從作品可看出創作者，

對這個毫無招架之力。

家中規定展現在外的只限白色。黑色與其他顏色的上衣收在衣櫃裡。

Q 有什麼讓你持續回購使用？

A 長期持續使用的幾種調味料。

照片中右起為：橄欖油（分享計畫　公平交易）、醬油「御用藏」Yamaki 釀造、味醂「本味醂」白扇酒造、醋「富士醋」飯尾釀造、麻油「玉締榨」松本製油。

Q 每個人都有一些無條件鍾愛的物品。有什麼是你放任自己可以重複購買的？

A 白色器物與白襯衫。

所以我收藏比較多工藝作品。」

料理也一樣，可以看出掌廚人的風格。她告訴我，只要用好的食材與調味料，簡單的東西也能充分展現美味。

山中夫婦熱愛飲酒。悠閒小酌，一邊用喜歡的器物品嘗美味料理。——如此美好的習慣，我也想試著養成。

對山中女士而言，食、衣、住等生活起居的一切都有相關性，同在一直線上。任何一項都不能馬虎。「我愛我的家」這句話令人印象深刻。

與感情很好的先生合影。

2 清點所有物品

令人不會有罪惡感的清理術！

為什麼無法輕易丟掉東西？

不願正視的「失敗」

我從事整理收納諮詢服務的工作，拜訪過非常多不同的家庭，發現對多數人來說，「始終無法處理掉令人傷腦筋的物品」都有個共同點。

就是在背後都帶有「失敗」、「反省」情緒的物品。

例如，當初是因為有興趣購買，卻「沒能持續下去」的手工藝或做點心的各項工具。另外一種是每次要用時就買，但其實是「明明家裡有但只是找不到」的繩子、信封等消耗品。還有，「覺得」需要，「覺得」不夠，在毫無根據的情緒下購買大量囤積的內衣褲、襪子等貼身衣物。

要把注意力集中在這些物品，並設法處理，這樣的行為等於是將自己的失敗血淋淋攤在眼前。這當然不會讓人太好過，於是睜一隻眼閉一隻眼，經過幾年累積下來就導致這個結果。「總有一天會再用到」、「不想當作失敗」、「想要忘掉」……，很多時候就是這樣的心情，讓人把沒用的全收起來，不再見天日。

清理，
就是改變購物的方式

話說回來，不去正視過去的失敗，一味累積再也不見天日的物品，只會讓家裡變得雜亂無章、住起來不舒服。同時也因為想到關在家中的亡魂（無用的物品），而在內心有股罪惡感。

這項作業會讓人很心痛，但是真的需要好好把所有收起來的物品攤開來，徹底整理出「失敗的產物」，一次脫手！

在作業的過程中，千萬不能有「之後會用到」的念頭。無論清理起來多心痛，就把這感覺銘記在心，希望能藉此避免往後草率購物。

我自己也經歷過清理大量物品，才深深體會到根本無法活用這麼多東西。找我諮詢的客戶日後最常說的一句話就是，「現在不會輕易出手買東西了！」

我認為經過一次大清理，伴隨的

最大優點就是往後不會再草率購物。每一件物品就算價格不高，但是想想累積一輩子下來，不也是一大筆財產嗎？

反覆徹底清點

我建議像這樣把所有收納的物品徹底清點，最好可以1年一次，或者3年一次，反覆執行。在第1章也提過，每個人的生活不可能一成不變。隨著歲月流逝，身處的環境、本身的喜好都會不知不覺地改變。需要的物品或是重視的物品，也不自覺地出現變化。

反覆清點所有物品，不僅可以讓居家環境更清爽，同時也能夠藉此發現自己的改變。因此，在每次的徹底清點後更聚焦在「當下的自己」，無論選物，或是整合物品的能力都將大大提升。

特別留意收到的贈品

物品除了由自己選購之外，也有意料之外來自他人的贈送，合起來都成為自家的物品。

例如，有人送了茶葉或咖啡，但若仍依照平日的習慣補充，就會導致庫存過多。因此，平常就要留意「先消耗掉現有的」、「隨時檢查家中庫存，掌握還剩多少」，這麼一來就能防止買太多而浪費。定期清點也能有效達到這個目的。

我捨不得丟掉的物品代表！大學時室內足球隊的球衣。有太多回憶在其中……

檢視物品的適當庫存量及清理的時機

家中的存量≠需要的數量

目前家中的物品數量未必是最適合這個家所需要的量。餐具櫃裡堆得滿滿的杯子、洗手台下方抽屜裡有快塞不下的毛巾等。

「一直以來都是這樣」只是既有的想法，若實際在日常生活中執行減量，經常會發現物品更容易取放，也比較好收拾。而且，還會發現改變後沒有任何不便。

要是在家裡覺得有用起來不舒適的地方，最好能捫心自問：「真的需要這麼大量的物品嗎？」然後重新嘗試判斷「真正適合家中的使用量」。

判斷方法①
在生活週期中判斷

假設有20件內褲，但其實若以一個每天固定洗衣服的家庭來說，3件就很夠穿了。即使考量到外出旅行或備品，最多就需要5件吧！

就算20件平常全都在穿，每一件都會變舊，因此還是不建議。數量愈多，愈不容易注意到每一件物品，很可能某天發現自己穿著已經褪色或長毛球的內衣褲……。

我的建議是，先將其中10件收做庫存，試著只用10件輪流替換。相信會發現不僅不成問題，還因為收納的數量變少而容易挑選、拿取。整體數量變少時，發現變舊後還能一口氣全數汰舊換新。其實隨著年齡增長，會不太想穿變得太舊的內衣褲。

判斷方法②
「總有一天」是哪一天？

文具、衣物，這些可以長期保存，而且感覺是「總有一天能用到」的物品，很容易囤積過多。假設囤了20本筆記本，真的會有用到的一天嗎？

何況要是沒有精確管理，到處亂放，就算有多達20本，很可能出門時還是一不小心又買了。

要明確掌握能管理的數量，並且好好收拾。

塞得滿滿的筆筒。

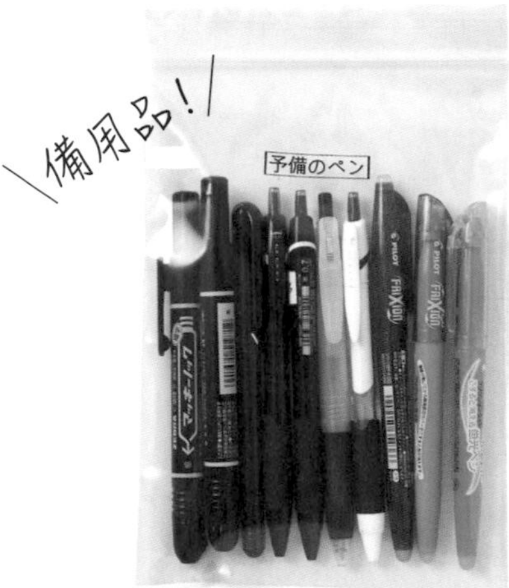

功能重複或是暫時不用的筆都當作「備用品」，以清楚明瞭的方式收做庫存。這是邁向清理的一步，也能提醒自己不要再買。

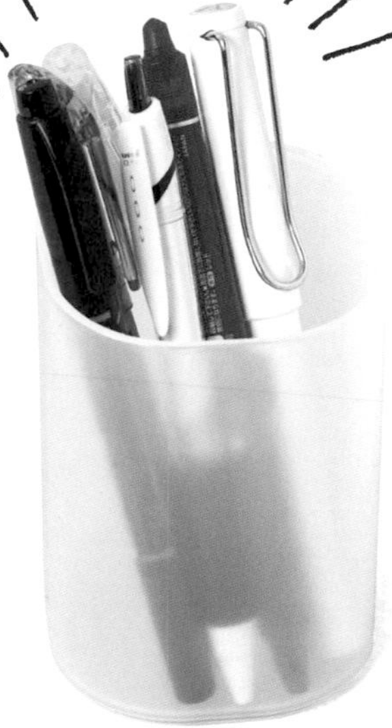

決定好要用的幾支，好好收納。

判斷方法③
區分「現役」與「備用」

筆筒裡或抽屜塞得滿滿，卻找不到想用的筆，一瞬間會讓人很想罵髒話，這就是物品多到超出適當數量的典型例子。要是只收集平常慣用的筆，可能幾支就夠了吧？從少數物品中可以迅速拿到當下想要的，一旦體會過這種狀態，就知道過去的庫存量有多誇張。

除了目前使用的「現役選手」外，其他的就先收進夾鏈袋中，標明是「備用」。在挑選「現役選手」時，能夠了解到自己真正需要的種類，也在腦中留下深刻印象，知道「已經有足夠的筆」、「甚至有不少庫存」，這麼一來，外出時也不會再輕易亂買文具了。

本多家的適當數量——目前的狀態

大浴巾

4 條

用過一次就洗。有時候夫妻共用 1 條。一旦發黴就全數更換（大概一年半更換一次）。

小毛巾

5 條

洗過臉之後擦拭，順便擦擦洗手台與鏡子，隨即丟進洗衣機。方便使用、容易清洗的小尺寸毛巾。

擦桌布

3~4 條

買的時候是 12 條一套，每次拿出 3 ～ 4 條來用。平常收放於吊在水槽下方櫃子門上的袋子裡，1 天用過後就丟洗衣機。用舊之後就充當抹布（無印良品／落棉環保抹布 12 枚組約 40×40 cm）。

餐具擦拭布

2 條

非常耐用的材質，不太需要更換。質地柔軟、易乾，加上具吸水性而且觸感好，深得我心。餐具我通常都採取自然乾燥，所以 2 天洗一次就可以（微和呼布巾／和太布）。

浴室踏墊

2塊

一開始只有fog的1塊，但有時候洗了來不及乾，於是又補了1塊無印良品。平常用洗衣機洗好之後就掛在吊桿上晾乾，每週清洗一～二次（fog linen work／麻質按摩浴室踏墊、無印良品／印度棉鬆絨浴室地墊）。

擦手巾

5條

吊在廚房與洗手檯兩個地方。擦拭的手感、易乾的特性、大小、吊孔等等都好完美！因為其他布類都挑選簡單的款式，擦手巾的花色也有妝點室內空間的效果（R&D.M.Co／廚房萬用布）。

手帕

5條

由於是與先生共用，挑選的都是塞進西裝口袋裡也不會顯得突兀的花色。最初只有1條，因為喜歡之後增加到3條，在先生也一起用之後追加到5條（R&D.M.Co／麻質手帕）。

我家的規則

一種物品盡可能統一使用同一個品牌。如果混用了多個品牌，價格高的就算用到老舊也會捨不得清理掉。如果是同一個種類維持最基本的數量，每個都能平均使用，等到用舊了也會馬上發現，而且很容易清理掉。另一方面，數量過多的話，不僅收納起來占空間，也會出現清洗頻率變低的缺點。待洗的衣物布類積得多了，晾衣服時就需要更多曬衣夾，成了被物品牽著走（＝無法一身輕）的生活。

鞋子 Total 14 雙

懶人鞋×2、皮鞋×3、短靴×1、運動鞋×2

清理的理由①

想多買1雙運動鞋，結果因為太習慣穿懶人鞋，覺得綁鞋帶好麻煩……。

人對於「不知道」會感到不自在

徹底清點擁有的物品

掌握數量的意義

即使衣服不太多的人，認真數一下也有超過100件吧？不在乎數量之下，會搞不清楚自己究竟有多少東西。

了解數量，掌握客觀的數據，連帶著在購物時也有助於冷靜判斷。此外，在清點時將所有物品一字排開，不失為一個好機會，找出不需要的東西，以及發現自己的喜好。

清理的理由 ③

為了參加告別式之類的場合才留下來，不過已經舊了，之後有需要再買雙新的。

涼鞋×2、登山鞋×1、長靴×1、婚喪喜慶×2

清理的理由 ②

過去整個夏天穿的涼鞋。現在開始注重保暖，穿鞋一定穿襪子。

清點鞋子並重新檢視

由於鞋子有各類用途，沒辦法將數量降到最低。然而鞋子其實很占空間，若是只放著沒用處，不符合「現役主義」又違反我的理念；而且放太久也會受損。

試著將所有鞋子一字排開，相信每個人都會「哇！」地有所發現。像是數量過多，或是有的早已遺忘，還有雖然記得，卻可以當作反省材料的等等。

成功斷捨離 3 雙！

Total 11 雙！

衣服 Total 84 件

徹底清點

衣服的總清點

我上次總清點自己的衣服數量是2年前的事，想想這段期間買了新衣服，數量絕對增加了……，沒想到實際上幾乎沒變。我想這是刻意不時檢視、淘汰的作法發揮了功效。

話雖如此，仔細想想80件對自己來說是適當的數量嗎？感覺不需要那麼多。哪怕有四季變化，這麼多衣服我還是沒辦法全數好好發揮。事實上，把這些衣服全數一字排開後，會發現沒在穿的與經常穿的色澤差異非常明顯。

此外，這次排放在攝影棚這個明亮的場所，與在自家中很不同，在家裡沒發現的斑點、泛黃，甚至是破洞，全都無所遁形。建議大家，要進行這類清點的作業之時，最好選在白天明亮的室內環境。一旦看清了「原來變得這麼舊！」更有助於下定決心清理掉。

藉這個機會，把覺得已經穿得老舊、顏色不適合自己的衣服清理掉了8件。接下來也要再次檢視，只留下真正實穿、自己能夠充分發揮的服裝數量。

要送去二手商店回收的幾件衣服。

成功斷捨離8件。

Total 76 件！

徹底清點

其他隨身配件篇

清點配件類

我的衣服全都是最簡單的基本款，希望以其他配件與飾品來增添變化。即使是從來不曾考慮過的顏色，若是要用在距離最遠的襪子，就比較容易去嘗試。每次看到有些人衣服的數量沒有增加，但善用配件搭配，還是會覺得「好時尚！」

因此，最近我添購了不少搭配衣服的配件與飾品。既然為服飾小物，當然要選方便好收納的，不過重點並非全塞在一起，而是要維持一定的數量，收起來清楚明瞭，也好挑選。放不下、不好挑、收納空間過大，都會在使用時造成不便，趁這個機會把所有配件拿出來清點，重新掌握數量並且檢視其必要性。

飾品 Total 33 件

項鍊×5、耳環×10、手環×5、胸針×8、戒指×5

襪子 Total 11 雙

披巾 Total 6 條

茶杯 Total 8 只

五寸盤 Total 6 只

餐具 Total 30 件

隔熱墊 Total 11 件

活得一身輕！親身實踐篇 1

12件衣服靈活穿搭

受到「法國人」的感召

先前讀了本叫做《向巴黎夫人學品味》（*Lessons from Madame Chic*）的書，提到法國人只有個大概放得下10件衣服的小小衣櫥，徹底管理。每件衣服都很仔細清洗、熨燙，看到他們對衣物悉心呵護的模樣讓我大受感動。這也是在精挑細選維持少量的狀況下才能做到的事。

我希望自己也能朝向控制數量邁進，充分發揮少量服裝的功能。看看經常穿的衣服，上半身有6件，下半身有6件，我決定就用這12件衣服來挑戰（內搭衣不在此限）。就以一個月一次來徹底檢視，認真面對這些衣服。

Tops

①深藍色針織罩衫（evam eva）②細紋麻質襯衫（fog linen work）③條紋無袖襯衫（LE GLAZIK）④白襯衫（nookstore）⑤細紋麻質襯衫（ARTS&SCIENCE）⑥白色背心（iliann loeb）

這12件的挑選標準

基本上，具備同樣功能的款式就不需要2件。這個道理也可以運用在購物時，因為增加類似的款式，等於拉長了挑選的時間，成為忙碌早晨的負擔。

12件，看起來不多，實際上卻可以有不少穿搭組合呢！加上不同顏色的內搭衣，以及各種配件，可以有更多的變化。

要從所有衣服裡選出這12件，標準就是「平常想都不想就拿的」。無論是好穿、好搭配，或是單純出於喜好。精選出這些衣物組成精銳部隊，除了能想像出「其實根本不需要」的是哪些東西，也能看清一個事實——有12件衣服其實已足夠。

bottoms

⑦黑色寬褲（CHICU+CHICU5/31）⑧條紋九分褲（mizuiro ind）⑨深藍色長吊帶褲（atelier naruse）⑩深藍色摺裙（MARGARET HOWELL）⑪白色工作褲（MARGARET HOWELL）⑫直筒牛仔褲（YAECA）

挑戰12件穿搭 今天要怎麼穿？

②＋⑨

很喜歡的吊帶褲，
在懶得多想怎麼搭配時
最方便好用。
用露出來一小截的襪子
當作重點裝飾。

⑤＋⑨

在吊帶褲的上半身罩一件襯
衫，看起來就像九分褲。

襯衫加寬褲的簡單組合。
色調也僅有白與黑，簡潔明快。

因為裙長比較長，上半身搭配短版款式，
整體看來協調。

引人注目的條紋襯衫，
只輕鬆配件寬褲，就完成本日穿搭。

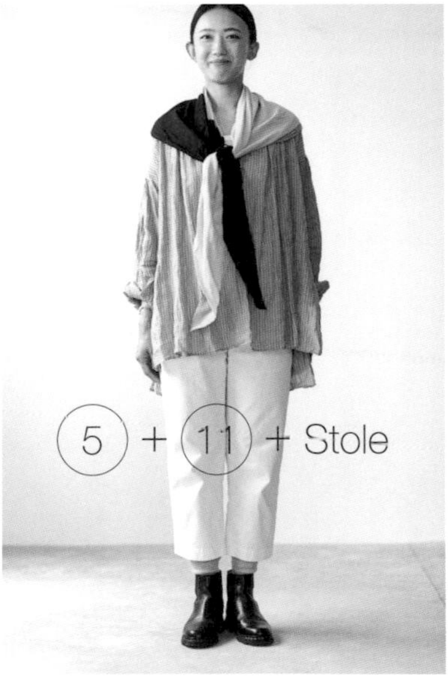

搭配一條有三個顏色的披巾，
整體看起來亮麗許多。

海軍藍是個感覺穩重的顏色。
搭上一件外套營造立體感。

米白色的外袍是穿搭救星。
不但百搭，披上一件就覺得氣勢不同。

黃色的襪子展現些微冒險精神。

其實這件牛仔褲洗過後縮水了……，反過來利用這個特點，讓露出一截的襪子營造一些變化。

光是搭配一條白色長褲就立刻變得活力朝氣。
披肩能讓氣色看起來更好。

披上白色長袍，立刻給人一股清新感。
在米白色調中，添加彩色的小飾品當作點綴。

嘗試展開一個月之內以12件衣服穿搭的挑戰

在許多方面都讓我覺得這是一次很棒的經驗。首先，輪著穿的衣服數量變少，對於每一件衣服變髒了、變皺了都很敏感，洗衣服、燙衣服時也變得小心翼翼。

此外，選購衣服的標準比過去更嚴格了。「就連只有12件衣服時，有些都還輪不到，那還有必要再添購嗎?」捫心自問之後，就能更冷靜判斷。

更棒的是，大大縮短了煩惱要怎麼搭配衣服的時間！當選項減少到某種程度，就能迅速判斷。早上出門準備時輕鬆好多。雖然只挑出12件，還是發現其中有些沒怎麼穿的衣服。要是過了半年還是沒進入「先發陣容」，那麼即使清理掉也就沒什麼好後悔的了。

活得一身輕！

親身實踐篇 2

票選放進包包裡的「先發陣容」

以往的先發陣容。有令人疑惑的嗎？

想要更無負擔！希望能再減少隨身物品！

①化妝包（裡頭有補妝用的紙蜜粉、腮紅、護唇膏、唇蜜、護甲油、眼藥水）②名片夾（獲贈的禮物）③網袋包（常備藥、備份隱形眼鏡、環保袋、OK繃等）④筆記本（筆記都歸納在一本）⑤皮夾（ARTS&SCIENCE）⑥鑰匙（我很喜歡肚子鼓起來的設計。entoan）⑦手機 ⑧手帕（R&D.M.Co）

重新檢視③的網袋包！

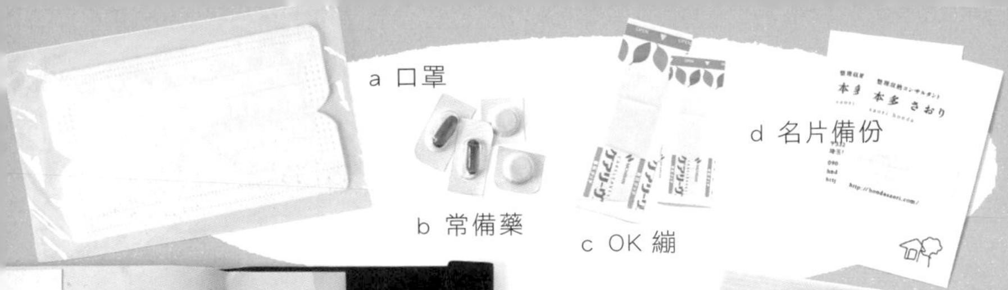

a 口罩

b 常備藥

c OK 繃

d 名片備份

夾到
筆記本裡！

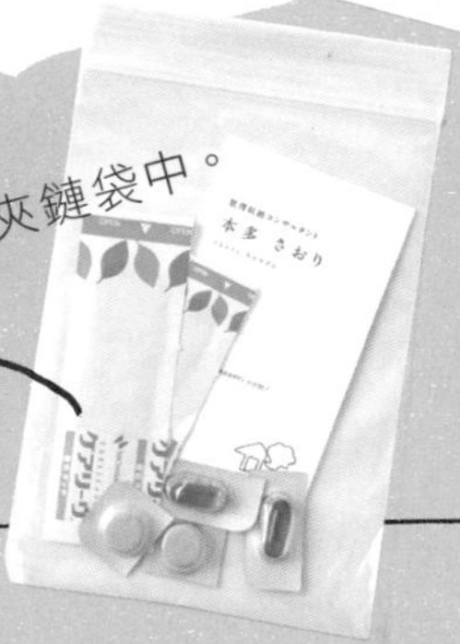

裝進夾鏈袋中。

重新檢視①的化妝包！

想想真的會補妝嗎？
……其實似乎很少
……不如試用紙蜜粉看看？
☞在無印良品發現了
紙蜜粉隨身包！

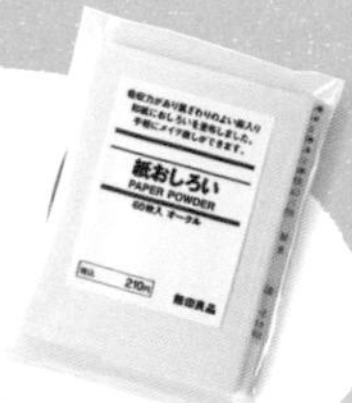

有側邊口袋的空間，容易拿取。

化妝包的內容物

紙蜜粉、腮紅、口紅、護唇膏、唇蜜、護甲油、眼藥水

負擔又稍微輕一點。

現在的「先發陣容」！

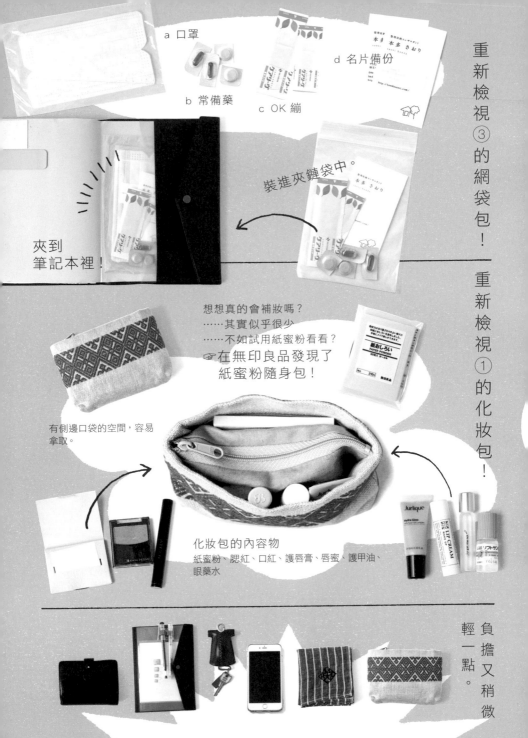

沒有罪惡感的物品清理術

要整理家中物品時，若能明確分出「需要」與「不需要」，事情就很簡單了。問題出在面對某件物品，「已經五年沒用過了，應該不要了吧」，或是「從來沒用過，當初為什麼買呢？」有這類狀況的話，接下來該怎麼判斷呢？

若決定「丟掉吧！」、「清理掉！」就能成功減少物品數量，但當需要清理的東西變多，就很容易猶豫不決。懶得想就乾脆又留下來……。

面對這種狀況，有很多選項。

用一塊布包好收起來

「很喜歡但尺寸已經不合了」，類似這種猶豫著要不要清理的物品，先找塊布包好，寫上包裹的日期，然後收起來。八成的人會在1年之內清理掉。打開布包，就實際體會到裡頭的東西有多笨重。有些人會思考，「當初幹麼特地包起來放？」

像這樣，用一塊布包好放一陣子。

也有人一包好隔天就丟掉的。藉由放置一段時間，讓人接受這些東西再也不需要的事實。

送去二手店

每年兩次換季時，設定一個「二手貨回收處理日」，把家中包括衣物、書本、生活雜貨等需要清理的物品，花1天的時間整理出來，送到各個二手店。

提醒大家，有些店鋪不收過季的衣服，記得要趁早在換季之前就整理好送去。

放在「自由取用」的籃子

我家會把想送人的東西放在一個「自由取用」的籃子裡。每當客戶或朋友來訪，就會問他們「有需要的嗎？」準備一個這種用途的箱子或籃子，只要一猶豫立刻放進去，讓這些物品有個去處，也能防止家中變得凌亂。

要是一拆開來沒有特別開心的感覺，都是「實質上」可以清理掉的物品。

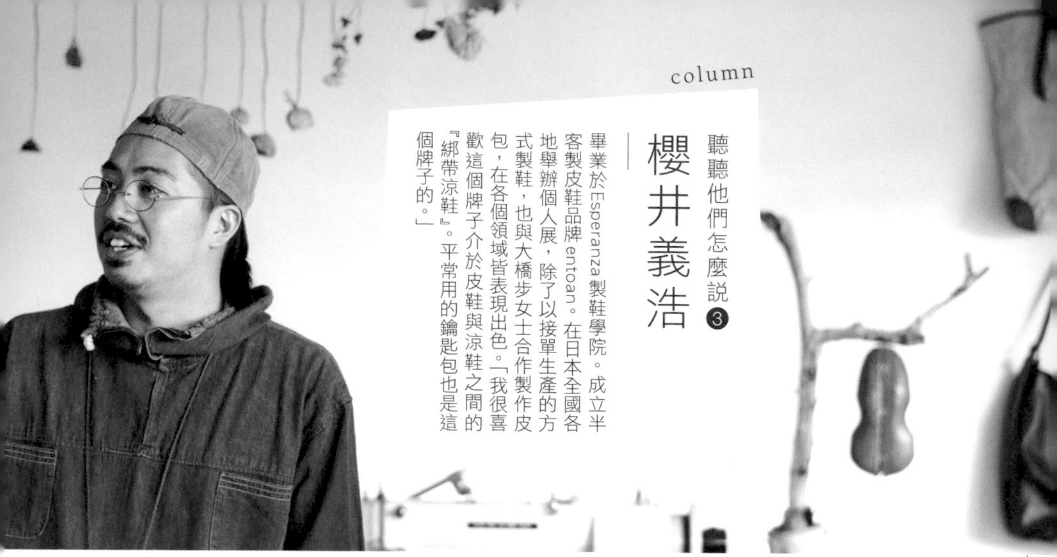

column

聽聽他們怎麼說③

櫻井義浩

畢業於Esperanza製鞋學院。成立半客製皮鞋品牌entoan。在日本全國各地舉辦個人展，除了以接單生產的方式製鞋，也與大橋步女士合作製作皮包，在各個領域皆表現出色。「我很喜歡這個牌子介於皮鞋與涼鞋之間的『綁帶涼鞋』。平常用的鑰匙包也是這個牌子的。」

包包裡的東西能展現一個人的風格！

①提包（Eatable）②裝存摺等之類的小收納包 ③票卡夾 ④自製皮夾 ⑤從5歲起就隨身攜帶的零錢包 ⑥ Olympus的PEN-FV ⑦ RICOH的GR

Q 隨身包包裡裝些什麼？

櫻井先生珍惜愛用的東西，是他在中學三年級時買的黑色「Red Wing」靴子。當時只是為了趕流行才買，卻因此讓他體會到皮革的迷人之處。只不過以前不懂得該怎麼保養，據說皮面出現裂痕。

「皮革不是消耗品，可以永久使用。用的皮革愈好，愈勤加保養，就會發現顏色慢慢變化，出現光澤，等於是在『養皮』」。等他長大之後，在古董服飾店買了雙70年前的靴子，泡在油裡好幾天，終於恢復到可以穿的狀態。

櫻井先生其他愛用的物品，還有5歲時(!)外公送他的小錢包、從念書時就用的Eatable的提包等，全都是隨著歲月流逝長久珍惜的物品。

其中Olympus的PEN，他因為想要而找了很久，後來想想，「可能家裡有」。於是全家總動員幫忙之下，終於找到了爺爺的。這台相機當然與時下的款式不同，是底片相機，

Q 有什麼會讓你持續回購使用？

A 彩虹丸子。

在工作室附近的不動尊者神社旁賣的好吃烤糯米丸子「彩虹丸子」。早已成為常客，卻偶然發現原來接班人是中學同學，大吃一驚！
「彩虹丸子」（埼玉縣越谷市相模町 6-442 TEL 048-988-0248）

工作兼生活上的夥伴富澤智晶。

每個人都有一些無條件鍾愛的物品。

Q 有什麼是你放任自己可以重複購買的？

A 工作靴。

拍出來的照片彷彿烙印下那一刻的光線，十分有趣。每一項心愛的物品都有很動人的故事。

櫻井先生非常惜物，除非讓他強烈地心動，否則不會輕易買新的。他表示，「東西送修之後能長久使用，這與買新的有完全不同的喜悅。皮製品就是這樣，我也希望能提供這份喜悅。」

鞋子之中工作靴占了絕大多數，一共有 6 ～ 7 雙（其他還有搭和服的「雪駄」、自製鞋、運動鞋各 2 雙）。右上是雨天用。走輕鬆路線時就穿短靴。

column

聽聽他們怎麼說④

淺野尚子 淺野佳代子

位於東京板橋區的藝廊 fu do ki 負責人。這是一處創作及發現新日本風格的場所，不定期舉辦展覽、工作坊、演奏會等。她們的先生是兄弟，兩人是妯娌關係。www.fudoki.co.jp

兩人經營的藝廊「fudoki」，舉辦的展覽每回去了都很難把持，全是令人心動的選品。過去也承蒙她們介紹我很多像是披肩、長褲等好東西，每件都很舒適實用；其中，也有我持續添購的。

印象深刻的是在考量一件物品「在日常中什麼時候用？」、「該怎麼用才好？」，實際上可以「使用感」來說明。例如，拿一雙線織襪來說，「襪底部分用堅固的材質，不容易磨破」、「很耐用，清洗時不必太過小心翼翼」等，讓我了解到紮根於生活的魅力所在。

在市面上充斥的大量物品之中，她們有絕佳的品味挑選出最美好的。讓我們聽聽她們倆對於生活、對於藝廊的看法。

好東西就要分享

聽說她們會一次以半打為單位，直接向廠商購買小豆島正金的醬油、椪醋，然後三戶人家均分。還有井上醬油店的番茄醬汁，做義大利麵與雞肉炒飯都好吃得不得了，三家人都非常喜愛。聽她們倆讚不絕口「好吃！」讓我也有種非試試不可的心情。

建築師中村好文設計打造的三併住宅。在尚子家與佳代子家的中間，是公婆的家。三戶人家以緣廊連接。

Q 隨身包包裡裝些什麼？

包包裡的東西能展現一個人的風格！

平常使用的提包即使款式簡單，裡頭的化妝包、隨身小物品仍有令人期待的豐富表情。

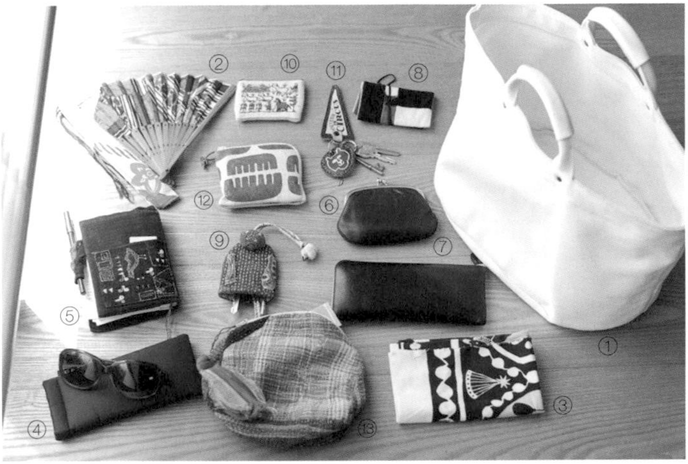

尚子

①提包（Arts & Scinence）②扇子（sunui）③小方巾（sunui）④太陽眼鏡 ⑤筆記本（Hobonichi。封面是谷由起子）⑥專裝家用的口金包（Cholon，已歇業）⑦自用的長夾（ANDADURA）⑧名片夾（谷由起子）⑨自家鑰匙包（Dukri）⑩票卡夾（PUENTE）⑪工作室鑰匙包（sunui）⑫化妝包（ka貓）⑬腳踏車小包（裝了入校章、防曬乳等）

佳代子

①後背包（The North Face。可裝筆電的款式）②皮夾（Arts & Science）③環保袋（裡頭有小孩的替換衣物、零食等）④水壺 ⑤網袋包（防曬乳等）⑥化妝包（藥品）⑦扇子

Q 有什麼會讓你持續回購使用？

A 佳代子

Aesop與A.P.C.聯名廁後點滴液。

Aesop＋A.P.C. 的廁後點滴……。在廁所或洗手槽滴幾滴，柑橘調香氣瀰漫，清新宜人。每年1瓶的使用週期，已回購多次。本多家也立刻仿效使用。

A 尚子

無印良品的T恤與各式調味料。

無印良品的Ｔ恤＆調味料……。無印良品的Ｔ恤無論衣長、袖長、領口角度等都很適合自己的體型，每年固定回購。調味料則是三個家庭愛用的幾乎一致。茅乃舍的高湯包、小野田製油所的玉締胡麻油等，能一起購買好東西分享，真令人羨慕。

將對物品的講究具體落實在藝廊！

其實fudoki本來是兩人的公婆在青山開設的藝廊。10年前遷到現在的地點，兩人大約在3年前接手經營。

去年推出的展覽是「與孩子快樂生活展」，概念是「有了孩子也能在生活中使用喜愛的物品」，可說是家有幼兒的兩人才會想到的切入點。未來應該會有更多年輕媽媽顧客上門。

藝廊內展示的包括器物、皮革類等各種物品，但仍以衣物、布質小雜貨等生活物品為主。如果有兩人有相中的物品甚至還會跨海調貨。聽說過去曾帶著6歲的兒子到寮國，拜訪在當地企劃原住民傳統染織布料設計活動的H.P.E.谷由起子女士，以及採購當地的布藝品。此外，近期也打算到印度採購棉織布。

無論是剛結婚就與婆婆一起留學

Q

每個人都有一些無條件鍾愛的物品。

有什麼是你放任自己可以重複購買的？

A

佳代子

耳環及隔熱手套。

對這個毫無招架之力。

耳環及隔熱手套……，耳環掛在一大塊布上，方便挑選。同時也可當作擺飾，隨時都能看見心愛的東西。

A

尚子

花器。

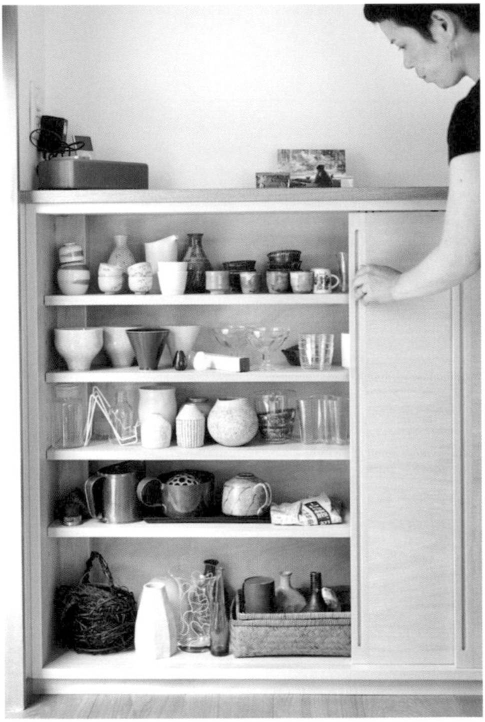

3年前開始學插花，看到漂亮的花器就忍不住購買。訂做的櫃子深度比較淺，不會被擋在後排看不見。

瓜地馬拉的尚子，或是初學網球就為了「贏得比賽」而找了教練（後來成了她先生）的佳代子，都顯示兩人積極主動的個性，也看得出她們對追求「好東西」的旺盛企圖心。

3 物品是人生的好夥伴

正因為戀物，
更想與精選的物品
輕簡過生活！

挑選物品要有規則

家電、文具、服裝，甚至雪鏟，想到這些自己擁有的物品時，會有什麼樣的情緒呢？我猜想，很可能擁有愈多東西、無法好好管理的人，對自己的物品愈沒有太多感情吧？

試著這樣想想，把擁有的物品當作是自己的「好夥伴」、「搭檔」。如果家中的物品都是你在需要時能倚賴的好夥伴，那麼，他們所在的家，就是你想回的家。另一方面，只要想到家中有心愛的夥伴，就非常滿足，也不會有亂買其他東西的念頭。既然是好夥伴，自然會悉心對待、愛惜，長久使用。

相反地，東西多到連自己有什麼都搞不清楚時，這些就不再是夥伴了，而是成了「重擔」。回到家裡也放鬆不了，無法感到滿足。為了獲得滿足不斷投入新物品的懷抱，只會讓東西愈來愈多。

想要讓家裡成為「全是好夥伴的舒適空間」，必須精挑細選，讓真正能成為夥伴的物品進入家中。

例如，我最近在找黃色的襪子。我沒有這個色系的襪子，加上想要用這些亮色小配件來挑戰穿搭。檢視過自己現有的衣服之後，覺得黃色應該會滿好搭配。

我很快就找到了黃色襪子，卻沒有下手。雖然是一雙小小的襪子，從色調、織紋的款式、長度、材質等各個細節都值得慢慢考量。「能符合全部條件才是我的好夥伴！」可以讓人真心這麼想的，沒那麼容易找到。

「這是我的好夥伴！」要尋找到這樣的物品，必須先訂下紮根於生活的選品規則。我把自己的規則歸納成下列8條。

第一條 審慎思考是否真的有需要

如果要列舉出購物時的模式，大致可分為這6種。

①購買自己沒有的東西。從0→1。

②雖然有，要換購新的（舊的不堪使用）。

③現有的不夠，需要補足（添購）。

④食物等消耗品定期購買。

⑤滿足對於非必需品的擁有慾。

⑥餽贈他人等交際目的的購物。

要避免「⑤為滿足慾望而買」這一點，道理顯而易見，但更要留意的是①的狀況。以我家的習慣，除非反覆三次感到「需要」，否則不會納入新物品。這雙暖暖鞋也是，在我開始注重保暖後，經過三次試穿才終於購買。對於增添新物品的抗拒，以及短靴的功效，兩者之間的衡量足足花了我1年時間。

（CLO'Z柔軟熱水袋／足用短靴型／Helmet潛水株式會社）

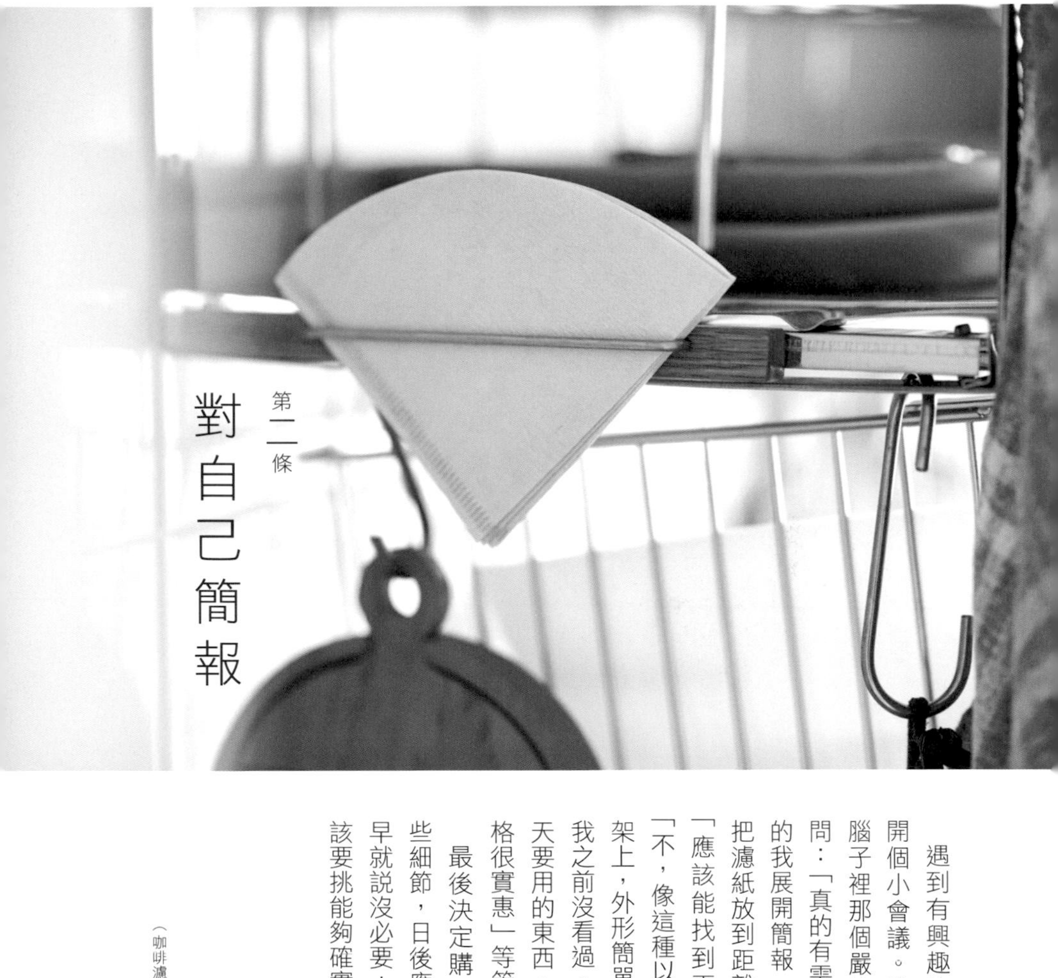

第二條

對自己簡報

遇到有興趣的東西，就在腦內召開個小會議。發現咖啡濾紙夾時，腦子裡那個嚴格的主管立刻出現質問：「真的有需要嗎？」另一個冷靜的我展開簡報。「有了這個，就不必把濾紙放到距離比較遠的抽屜了。」「應該能找到更理想的器具吧？」「不，像這種以磁鐵吸附，可以貼在架上，外形簡單又富設計感的產品，我之前沒看過。」此外還可補充，「每天要用的東西，非常值得」或是「價格很實惠」等等。

最後決定購買。如果能討論到這些細節，日後應該不會出現「看吧！早就說沒必要！」的狀況。購物時應該要挑能夠確實對自己簡報的時候。

（咖啡濾紙架／TURN）（遠藤雅彥）

第三條

反映過去的失敗

很難為情地承認，照片裡的三樣東西是我失敗的購物經驗。「mont-bell」的一片裙，當時覺得「款式休閒，從事戶外活動時也可以穿」而購買。不過，我平常根本不太穿裙子呀。捲髮吹風機是為了「整治亂翹的髮尾」，BB霜則是「覺得化妝很麻煩時使用」等理由而購買。但後來只要頭髮開始亂翹就去修剪，至於覺得化妝麻煩時，就根本省略。

總之，這些都是與自己的個性或習慣不合的物品。而且也沒有其他的用法，都有特定的用途。

清楚掌握是在什麼樣的狀況下失敗，提醒自己別重蹈覆轍。為此，勇於承認失敗很重要，絕不要睜一隻眼閉一隻眼。

第四條

適合各種用途的物品

譬如，1年只去過幾次海邊的人，幹麼需要有個「海邊專用包」呢？這個包包大概1年當中的360天都沒任何作用，只會占空間。況且，因為太少使用，很可能被遺忘了，結果去海邊時根本沒帶。這樣的風險非常的高。

不過，如果換成一只無論上街、逛超市或是當作收納空間都能用，兼具機能性與設計感的包包，狀況就不一樣了。同樣都是「包包」，功用卻天差地遠。

不只包包，像這種萬用款幾乎都走簡單外形。即使環境改變、生活形態改變，仍能發揮各種用途，長久使用。挑選物品時，最希望找到這種可靠的夥伴。

（墨西哥製的菜籃包（Mercado Bag，用塑膠編織的購物包。Mercado就是「市場」的意思）／TLACOLULA）

第五條

掌握自己的消耗量

很多人櫃子裡有著堆積如山的保養品。仔細一看，全都在開封之後只用了一半。把放太久的保養品往肌膚上塗抹，當然不是好事。這樣的災難源自「想試試新產品」、「多買比較划算」等這類「為滿足慾望而買」的模式。從來沒想家裡還剩下多少保養品。

重點是，要掌握自己大約多久用完保養品。我會貼上標籤，寫下開封日期，這麼一來就能掌握「X個月用完1瓶」，為下次購物做準備。

食品也一樣，購買量超過消耗量的話，當然會出現很多過期食品。記得要了解自己的消耗量，有計畫定期購買。

第六條

鍛鍊選物的品味

我很崇拜具備優秀的審美觀、有好品味能找到好東西的人。我想，審美觀應該是可以鍛鍊的。

曾經對物品壓根不講究，隨便購買而失敗的我，目前算是處於慢慢進步的階段。我經常到百貨公司的居家用品樓層來鍛鍊自己的眼光，找到時間就像獵人一樣物色，其中必逛的就是居家服區。價格不斐的高級品，結果買來只在家裡穿，這需要很大的勇氣呀！但回過頭想想，正因為每天穿這麼長的時間，當然更要挑讓自己感覺舒服的衣物啊！

等到哪天我具備挑選的實力與勇氣……。在那天來臨前，我還是先認真到處逛，多看些居家服來培養自己的品味。

第七條

強迫自己稍微進階

當一件物品兼具優良的品質與功能，且設計又討人喜愛，價格經常也會偏高。然而如果能好好愛惜，讓人有股幸福感，能使用得很久，我認為也算是對於未來的投資。購物時當然得量力而為，但我也想成為一個能擁有好東西的成熟大人。

有時候，強迫自己稍微進階也能當作鍛鍊。

購買高價物品時，會比一般時候來得慎重。認真面對物品，深思熟慮，避免花了不該花的錢。而如果能長久使用這項物品，就長遠看來花費並不會特別高。說不定反倒是大量購買廉價品的消費成本還比較高。

照片裡的，是我當初幾乎抱著跳樓的決心才購買的Arts & Science長洋裝。令人幸福的衣服就是無論開心或是憂鬱，每天都想穿的衣服；而且就算天天穿同一套，也會展現不同的風情。線條極美，設計簡單卻教人百看不厭。

當時付出了一大筆錢，真的很痛，但不管是穿起來的質感、設計，以及方便清洗的功能性，各方面都很完美。光是穿在身上就好開心，也帶給我日常生活中的迷人時刻。

第八條 旅途中的一期一會

胸針｜松本

在造訪當地一定會光顧的生活雜貨店「coto.coto」買的。造形簡單卻饒富趣味，穩重的色調深得我心。

擺飾｜松本

在長野縣松本市「10cm」一見鍾情就買下來。在狹小的家中放在哪裡都好看的一件擺飾。

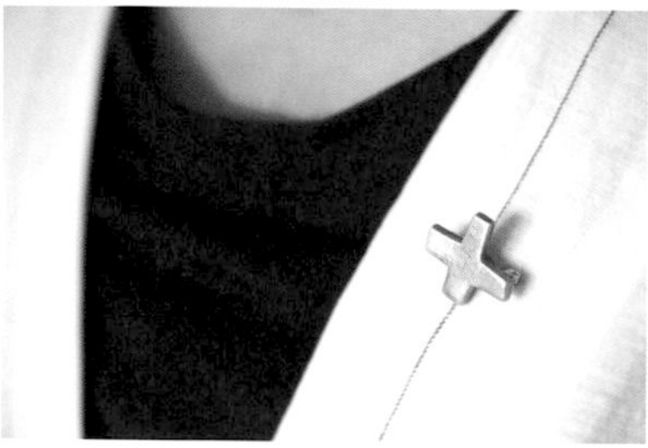

胸針｜名古屋

在名古屋的生活雜貨店「mokodi」看到這只不顯眼的小十字架，覺得應該很好搭配就買了。現在的確是我手邊出場頻率最高的胸針。

對於喜愛生活的我來説，旅行，就是在與日常不同的地方享受當地的食、衣、住。而在旅程中發現生活的物品，更是一大樂事。在旅程中購買的物品，會帶著當時的回憶，讓人更增添一份感情。

為了不錯過與好東西的一期一會，我平常就會鎖定喜愛的店舖、創作者，認真收集相關資訊。

燈具｜蘆屋

從以前就想一探位於兵庫縣蘆屋市的燈具店「flame」。剛好也有想看看實品的燈具，於是親自走訪。手工玻璃的清涼感，讓我看了很喜歡。另外，可調整長度的電線也是一大優點。

小燈飾｜福岡

「krank original lamp」是組合舊零件製作的燈飾。這間位於福岡，令我嚮往已久的店家，終於有機會造訪。在沙發上裝了一個想要了好久的閱讀燈。

小花器｜福岡

在搭機空檔無意間經過福岡一間生活雜貨店。木頭材質可插一支花的小花器，背後還有磁鐵，心想「可以貼在玄關大門！」，於是購買。只要能讓磁鐵吸附的地方，到處都能使用，真開心。

與物品生活的1天

身為自由工作者，平常我沒有固定的行程。
在時間的運用上很自由，其實管理起來比想像中困難。
我把每星期四訂為「運動日」，安排了2項課程。
然後在其間的空檔工作、做家事。
像這種很容易一晃就過完的1天，
妥善利用空檔就能專心處理好雜務與工作，
真令人感到不可思議。
來檢視在「運動日」當天，我是如何與物品共度。

am 6:00 起床

鬧鐘用手機來設定，床頭的時鐘是為了能方便確認時間而放的。尤其是半夜醒來時，更能立刻知道時間。

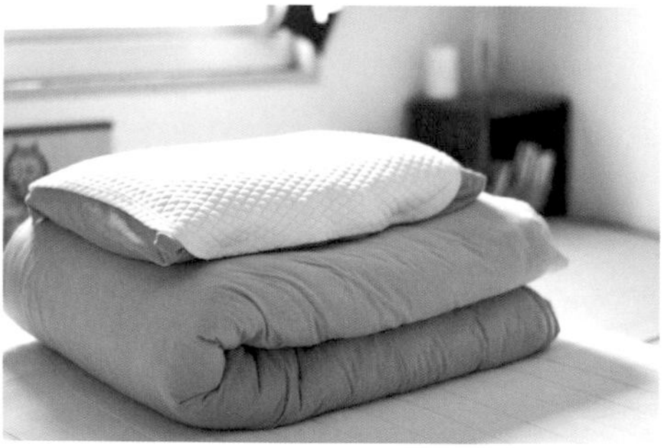

我只需要摺被子（宜得利）。將墊被（無印良品）收進櫃子裡是先生的工作。家裡沒有替換的床單，遇到天氣放晴就是清洗的好時機。

前一個晚上把米洗好，放進燉鍋(Staub)。起床後開火煮飯。大火煮10分鐘後關火燜10分鐘。

am 6:05

煮飯 & 拉開窗簾

拉開窗簾(無印良品)，打開窗戶，迎接早晨的空氣。

上廁所時，順便在燻香燈(MARKS&WEB)裡添加薄荷氣味的香氛精油。

從冰箱拿出所有材料一字排開。把事先處理好的材料放進保存容器(Ziploc、宜得利)，做起來會更迅速俐落。

am 6:10

幫先生做便當

am 6:15

打蔬果昔

從冰箱蔬果室拿出菠菜等蔬菜。加上香蕉、奇異果等季節水果。

切好材料，與豆漿、蜂蜜一起加進果汁機（無印良品）裡。

已經維持整整2年的習慣。當然偶爾不免偷懶，但開始之後夫妻倆的肌膚狀態明顯改善。

用洗潔劑加一點水沖洗，輕輕鬆鬆就洗乾淨。

am 6:45

打開收音機

配合先生起床的時間，打開收音機。由於家裡沒有電視，收音機（壁掛式CD音響／無印良品）占有重要的一席之地。

am 7:00
早餐

把先生的早餐端到餐桌。送了吃完早餐的先生出門後，整理一下桌子，自己也吃完早餐。

am 7:45
打掃

趁著中午之前有陽光，將鋪過墊被有明顯灰塵的臥室迅速用吸塵器（手持吸塵器／牧田）打掃過。有時間的話也順便清掃廁所。

am 8:00
稍事休息

為了收放護手保養品而購買的帆布盒（ateliers PENELOPE）。不用時可以摺起來收納。平常放在桌上，想到需要護手時馬上能用。

在整理乾淨的屋內稍事休息。喝杯咖啡，翻一下報紙（SANKEI EXPRESS）或雜誌。

am 10:00
上午的工作

上午做些事務性的工作，像是回 E-mail 之類。（Z Light／山田照明）

書桌很小，只放了筆電、滑鼠與一杯咖啡。（馬克杯／飯干祐美子）

清理掉家中的資料。（碎紙機／IRIS OHYAMA）

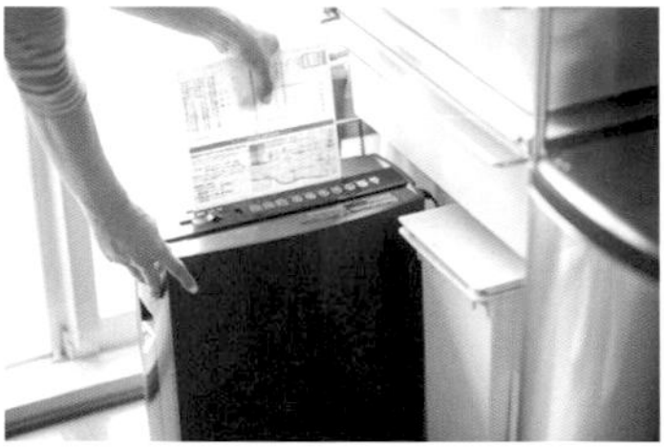

am 10:50
換衣服

換上運動服。原本身上的睡衣（居家服・PRISTINE・無印良品等）放入暫放箱。

am 11:00

外出前的準備

覺得化妝很麻煩，總是要拖到最後一刻……。

準備隨身物品。下午打算在咖啡廳裡工作，得帶著筆電與資料（左邊包包）。萊姆綠的小提包（mitsubachi tote）裝的是皮夾與手機。運動包裡則是運動鞋、水壺與替換衣物等。帶著三個包包，GO！

出門去！

am 11:20

準備攜帶的物品

am 12:00
加壓式訓練

每週一次的加壓式訓練。希望能增強體力！下課換套衣服前往下個地點。

pm 1:15
在咖啡廳吃午餐、工作

到回程路上的咖啡廳裡工作（一般停留2個小時）。午餐也在這裡解決。

pm 4:45
收衣服

先回家一趟收衣服。（鋁角衣架‧無印良品）

pm 5:30
前往瑜伽教室

騎腳踏車到瑜伽教室。騎車也是運動。

pm 7:20
回家做晚飯

利用一些已經處理過的食材，迅速做飯。
（有時候也會直接買便當回家）

pm 8:30
晚餐

等先生回家後一起吃晚餐。（餐墊　麻平織多用途布　深灰色／無印良品）

pm 9:00
飯後小憩

飯後歇息一下。聊聊一天發生的事。

pm 10:00
洗澡

花30分鐘以上慢慢泡澡。（樅木沐浴乳／WELEDA）

pm 11:00
準備就寢

有時候也會用iPhone簡單回些E-mail。（無線鍵盤／APPLE）

晚安，祝好眠

pm 11:30
點起香氛精油

睡前點好香氛精油（超音波芬香噴霧器／無印良品），做一下伸展操之後入睡……。

令人鍾愛、「腳踏實地」的實用物品

在「以實用而生」的主旨下，沒有任何花俏修飾的產品，最讓我喜愛。這些物品非常重視功能性，「沒有過多設計的設計」。其實我不愛做菜，卻非常喜歡各式廚房工具，就是這個原因。甚至可說因為有了追求功能性、滿足機能美的廚房工具，才讓我勉強認真做飯。尤其不鏽鋼產品更是深深吸引我。耐用、輕巧、沒有討好人的外表卻散發出特殊美感……。

這些沒有以多餘裝飾在賣場裡爭奇鬥妍的物品，甚至給我一種「腳踏實地」的感覺。

我在挑選物品時，會想到製作的人。從這些以使用者為出發點製作出的物品，能感受到靈魂。同時也能體會到，一心一意持續製作的人，完成的物品中帶有愛與信念。

反過來說，只想著「總之賣得愈多愈好！」的製作者，讓我不信任。相較於薄利多銷的物品，我覺得花多一點工夫與成本仔細製作的物品能讓人使用得更長久。

5年
Staub的鍋
8年
單柄鍋
（先生單身時就有的。
德國製的「BEKA」）
4年
木印的砧板
5年
GLOBAL的菜刀

1 廚房工具

令人鍾愛的實用工具

橡皮刮刀

在福岡一家廚具專賣店裡找到的。最棒的是把手使用不鏽鋼材質，輕巧又耐用。有些款式橡皮刮刀部位可以拆下來清洗，但我覺得很麻煩，這種一體成形的超棒。在家裡有這把刮刀之前，每次煮濃湯總會殘留一點在鍋裡，沒法刮乾淨，現在它成了我的得力助手。

矽膠刮刀／RÖSLE（株式會社 St-Emilion）

調理夾

拌沙拉、挾義大利麵或是裝盛炒菜時，調理夾比調理筷更能挾起一大把，是我在廚房裡不可缺少的好幫手。我在五金行發現的這支調理夾，拉起後方的圈圈就能收起來，還可以吊掛，方便收納。雖然我還有另一支更富設計感的調理夾，但這支能撐得比較開，使用更頻繁。

18-07 附鉤夾萬能調理夾（業務用）

小鍋子、砧板，這些廚房用品，基本上每種品項各有一件。

量匙

新潟縣的金屬廚房用具品牌「相澤工房」(AIZAWA)的量匙。匙柄長，放在餐具筒裡有足夠的長度，不會被擋住。最棒的是匙柄中央有一道長長的開孔，不需要特別瞄準就能輕鬆掛到掛鉤上。滿足了各種可能的「便利性」。

量匙 15cc、5cc／相澤工房

烤網

朋友送的。這個朋友每次送禮總是能送到我心坎裡。烤網那種以「慢工出細活」烤麵包、年糕，有種滿足的感覺，我特別喜愛。看著吐司麵包表面逐漸變得金黃，聞著香氣，等待烤好的這一段時間，幸福滿分！這是我一直很想要卻遲遲尚未下手的工具，感謝朋友的好品味。

手持陶瓷烤網／金網辻

令人鍾愛的實用工具

2 露營用品

露營用小鍋子

曾經考慮過買個煮2人份味噌湯的小鍋子。不過從0到1的購物時必須特別謹慎。左思右想後發現，「家裡不是有露營用的小鍋子嗎！」

發現原本家裡的物品可以因應需要的用途時，感覺真痛快！因為除了讓這只小鍋更能發揮功用，同時沒買不必要的物品，還省下了成本與空間。

真開心，現在這個小鍋子從原本的架子上，晉升到爐子旁邊的貴賓席。實際使用後覺得非常滿意。在野外用很好，在家中也能充分發揮。

超輕鋁合金湯壺／PRIMUS

方便的迷你桌

可摺疊、輕巧、好搬運的露營用迷你桌，在家中發揮各式各樣的用途。平常做飯時當作輔助桌，用來暫放食材及各項物品；有客人到訪，家中人多時就當作餐桌的延伸空間。在陽台喝啤酒時，也會想到把這張小桌子搬出去。偶爾會放上露營用的小瓦斯爐烤飯糰。

我從小就愛玩扮家家酒的遊戲。仔細想想，野營生活其實就是從營造的環境中嘗試生活的真實版扮家家酒。因此，使用的器具也都是理論上能帶入日常生活的物品。

My Table 竹／ snow peak

令人鍾愛的實用工具

3

身邊常用的物品

皮夾

以前我用的是「ZUCCA」的對摺短夾。具有很強的收納能力，輕巧好拿取，不需要太多動作，讓我愛不釋手，用了長達8年。不過，後來想買同一款來替換時，發現已經停產。想找其他的對摺短夾，而且鈔票有分隔空間的款式，最後發現了「Arts & Science」。我最喜歡的一點是卡片夾有四層，可依照用途分類收放。

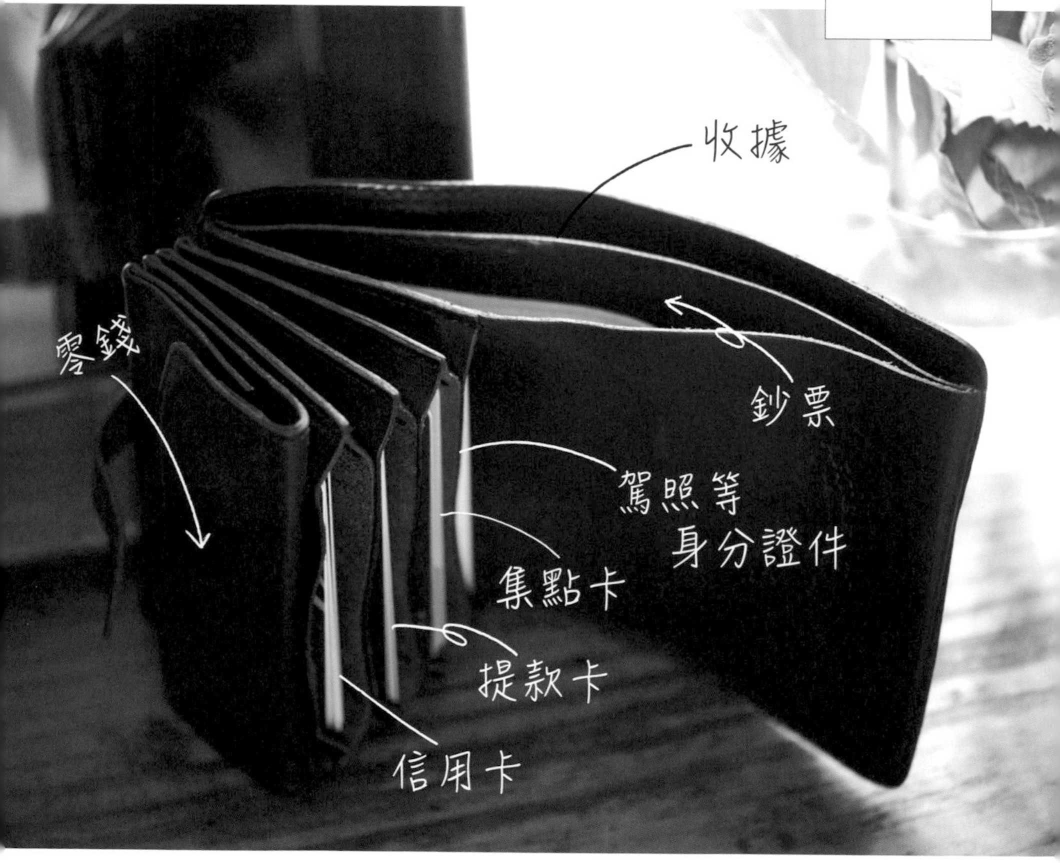

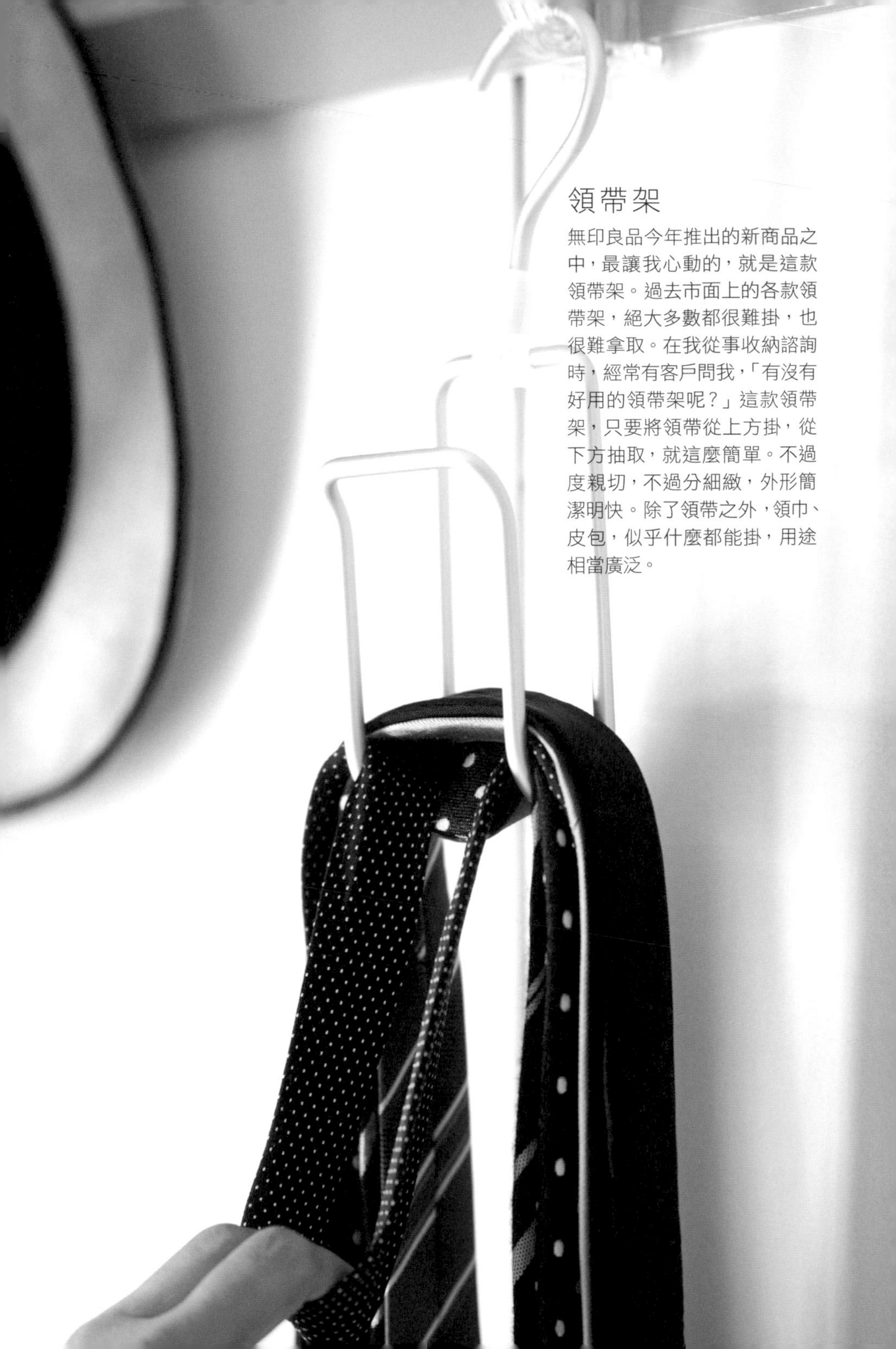

領帶架

無印良品今年推出的新商品之中，最讓我心動的，就是這款領帶架。過去市面上的各款領帶架，絕大多數都很難掛，也很難拿取。在我從事收納諮詢時，經常有客戶問我，「有沒有好用的領帶架呢？」這款領帶架，只要將領帶從上方掛，從下方抽取，就這麼簡單。不過度親切，不過分細緻，外形簡潔明快。除了領帶之外，領巾、皮包，似乎什麼都能掛，用途相當廣泛。

我對這些物品沒有招架力

戀物的我，
有些特別「無招架力」的領域。
除了物品本身深具吸引力，
似乎覺得這些物品擺放起來，
在生活當中就能刻畫出自己的形象，
看得出珍惜哪些事物。

PACIFIC FURNITURE SERVICE 的 WALL CLOCK。

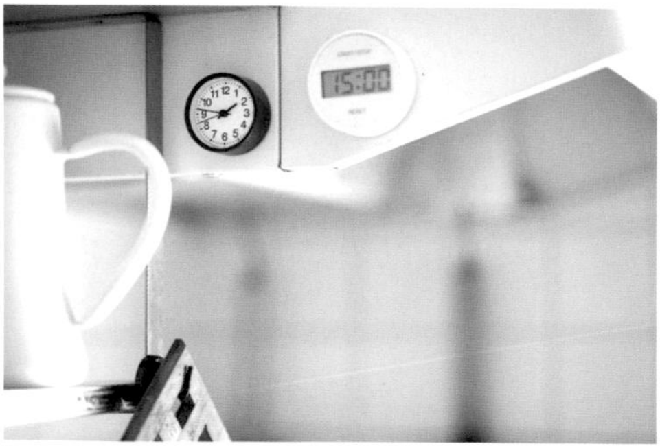

有磁鐵的小時鐘。貼在廚房抽油煙機上，做早餐時一抬頭就可以確認時間，非常方便。就像無印良品的設計有「公園時鐘」、「車站時鐘」等系列，這類通用設計都是簡潔明瞭的款式。

我很喜歡時鐘的外形。指針加上文字盤的簡樸，展現出「只為傳達時間而生」的腳踏實地感。尤其是車站、學校這類公共場所中「以清晰明瞭報時」為目的的時鐘更讓我喜愛。

「chikuni」的鋁製時鐘。在名古屋的生活雜貨店「sahan」裡一看到就愛上，立刻購買。目前掛在廁所，但日後如果搬家想在屋裡找一個好的位置掛起來……。

咖啡濾杯周邊商品
Coffee

咖啡，我喜歡磨了豆子之後沖泡。因為磨豆時整間屋子飄散著咖啡香，這一刻真讓人無法抗拒，似乎幸福也跟著香氣一起瀰漫。因此，磨豆器我用Kalita這個牌子的。這原來只有營業用的款式，功能性自然不在話下，樸實外形也感覺可靠。

磨豆機
剛結婚時買的。用現磨的豆子沖咖啡果然美味！
Nice Cut Mill／Kalita

咖啡盒
不經意間進入的生活雜貨店，一眼看到就很喜歡。矽藻土材質具有保溫性，用來保存咖啡豆也很實用。
食物保存盒　方形 M／soil

清潔工具
用這個打掃散落在磨豆機四周的咖啡粉。
桌上型刷組／Iris Hantverk

HARIO 濾杯、收到的結婚賀禮 KONO 的咖啡壺，以及月兔琺瑯手沖壺。這些都是我日常生活不可或缺的好夥伴。

Pouch
小收納包

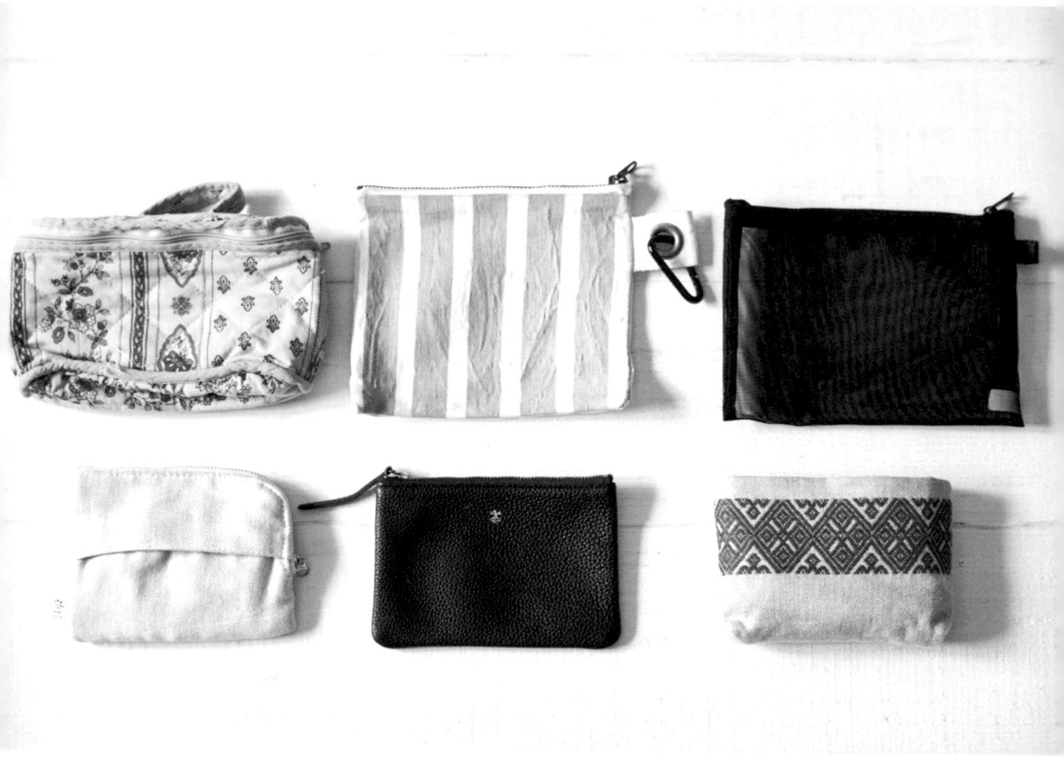

小收納包，用來歸納收放各種物品，也可以因應用途來收理各種物品。收納包本身就可以從尺寸、材質等分成不同種類，針對各種需求來使用。像是附有吊環、經過撥水加工、立體剪裁的格層、內層附有網袋……等，發揮收納功能，讓包包變得更方便好用，有無限寬廣的可能性。

內容物一目瞭然的網袋固然萬用，使用可愛織布製作的小收納包也討人喜歡。即使是圖案比較花的，因為不像衣服一大件，小面積的收納包比較能讓人輕鬆接受。

照片上排：圖案小包（法國伴手禮）／kota pouch（SyuRo）／網袋（無印良品）
下排：面紙包一體成形布質小包（FLANDERS LINEN）／真皮小包（Arts & Science）／小巾刺繡包（民藝品）

信紙套 Letter

因為有個經常寫信給我的朋友，連帶著讓我最近對信紙、信封也很有興趣，慢慢有了收集的習慣。

跟E-mail相較之下，書信無論在物理上或心理上都留得久一些。我喜歡讀過之後貼到筆記本上，隔一段時間重讀一次。看著朋友的改變，也透過對方看見自己的不同，很有意思。

我文筆不好，不像朋友能經常寫，寫得很長，於是買了短箋，便能輕鬆回信。在工作上，有時候也在文件資料上附張小紙條，表達謝意。最近我買了學寫書信的參考書，有不少例子可以參考。希望能像個成熟的大人，不必苦思太久就能將給對方的心意寫在信中。

＊參考《成熟人士的書信範例》（村上和／高橋書店）

夢幻對談

拜訪 無印良品 商品部

我認為無印良品的魅力，就在於簡單且用途廣泛的設計感，讓使用者可以根據自認的「好用」來使用。換句話說，不是強迫推銷告訴你「這樣才對」，而是站在消費者的角度，「這樣也好」。這個部門究竟是怎麼推出這麼多的商品呢？

左思右想，決定直接請教商品開發的負責人！

本多　當初我看到這個鋁製衣架時（圖左）非常激動，「居然推出這個！」極簡的外形卻能讓使用者想出各式各樣具體的用法。無印良品的商品很多都是這種風格。我想請教，你們都是怎麼開發商品呢？

日高　我們會看很多市面上的產品，在公司裡彼此提出「這有沒有辦法變得更好用？」一開始就像這樣拿根鐵絲，簡單折出個測試作品。大家討論，這樣的話不只能夠掛領帶，連帽子、領巾都可以用。

本多　用鐵絲做測試作品！以往市面上的領帶架，不只難用，還有個大缺點就是「沒有其他用途」。

日高　即使是掛鉤夾（圖右），其實推出時我們也沒明確定出「要這樣用！」。我們會盡量不設計用途受限的商品。這麼一

本多小姐愛不釋手的幾項無印良品產品

鋁製領帶架
領帶／領巾用
約寬7×高23.5×深5㎝

不鏽鋼掛鉤夾
4個裝
約寬2.0×深5.5×高9.5㎝

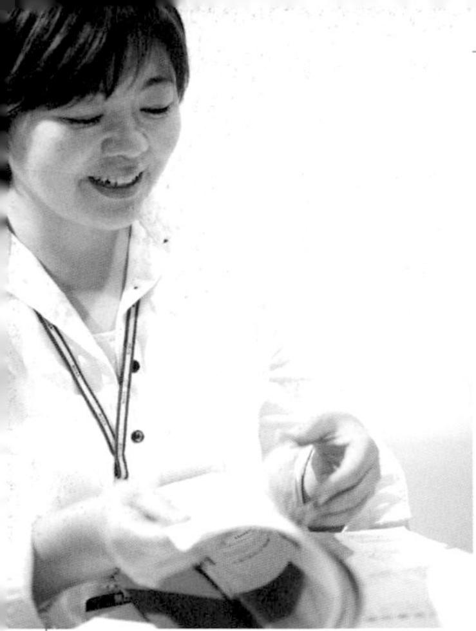

㈱良品計畫生活雜貨部家飾負責
MD 開發・日高美穗小姐。

來，很多消費者會發展出我們沒想過的用法，等於幫助這個產品成長。

本多　無印良品能實際吸收使用者「真希望有這種商品」的心聲，這種經營模式真的很棒。

日高　這就是生產者與店面直接連結的優點。不僅負責開發商品的團隊，一般門市人員也會吸收消費者的回應，共同參與開發。另外，在我們「良品生活研究所」的網站上，也接受廣大消費者的意見。其他像是觀察不同家庭的狀況，看看大家有什麼樣的困擾，或是怎麼使用一些產品。例如，保鮮膜外盒有些人不知道該放哪裡才好，於是我們加裝了磁鐵，可以貼在冰箱上。針對以往的商品也會不斷更新，重複改良到用起來更方便。

本多　「能不能更好用呢？」正因為不斷有這樣試誤學習，才會讓無印良品的每一款商品都這麼好用吧！

日高　事實上，過去有一段時間，我們只是將市面上現有的產品去掉色彩而已。那時候的理念是，若能省掉上色的塗裝工程，不但可降低成本，也能減少環境的負擔。然而光是節省還不夠，還要加入需求。現在無印良品的理念是生產「認為有需要的商品」。無論多麼微不足道，但正是「搔到癢處」的巧思。嘗試使用之下，那些講究的細節就會讓消費者真正有感，「確實方便好用！」

本多　原來如此……！但是，省略了多餘的部分，讓產品變得更好用，而且外觀也更加清爽了。

日高　其實不鏽鋼掛鉤夾最初是因為聽到「有人會拿洗衣夾來夾零食包裝袋」、「塑膠材質很容易劣化」這類使用經驗，才著手開發。

本多　也就是說，很多商品的開發，都是從「家裡稍微有些美中不足的小地方」展開的。

日高　是啊！一開始的構想是，必須是不會影響到日常生活的設計，並採用耐用的不鏽鋼材質……，過程中有人建議，「可以掛起來的話更方便吧？」於是就加了掛勾。

本多　原來不是一開始就設定可以吊掛呀！這個功能是後來才加入的……，身為忠實消費者，能聽到這些開發幕後故事真是開心。

採訪結束後

現在我了解到，無印良品是經過腳踏實地的試誤學習，以及建立了「無印良品認為有需要的產品」這個判斷標準，才有今天無印良品「恰到好處的親切」風格。實際體會到製作者為使用者著想的心，也更加信地任這個品牌。非常期待日後他們推出的商品。

嗯！不愧是無印良品！

到新潟探訪創作的魅力

1

F/style
新潟市

我在很多不同的店家覺得「還不錯！」的物品，拿起來一看經常都是F/style的商品。包裝與設計都非常精簡，更突顯了物品本身的高品質。

多管閒事的中間人

F/style的工作內容，是與新潟當地或國內製造商共同開發產品，然後將製造商做好的產品流通到消費者手上，也就是承包一連串的流程。

讓兩人從事這份工作的動力，就是「產品在生產到使用這段過程之中的落差」。廠商構思商品，交給製造業者製作，賣不掉的就打折拍賣或退貨。庫存壓力全都回到製造業者這邊。

F/style　五十嵐惠美、星野若菜，兩人都是土生土長的新潟人。東北藝術工科大學畢業後，2001年春季在新潟成立了「F/style」。以「統籌產品流通之前除了製造的一切必要事宜」為主旨，承包從設計提案到開拓通路一連串的作業。結合傳統產業與「現代」，將產品送到消費者手上。

穿過就愛上，不斷有人回購的「無鬆緊帶、柔軟舒適的襪子」（新潟縣五泉市 襪子工房）

星野若菜（左）與五十嵐惠美。兩人的夢想是退休之後開一間「前所未見的小酒館」。好想光顧！

其實不需要依循這套模式，只要製作自己構思的商品就行了。F/style就成了展現這套方法，實際行動的「點火人」，扮演「多管閒事的中間人」角色。

話說回來，令人驚訝的是，兩人至今從來沒有主動尋找製造商，推銷商品企劃。一切都靠「緣分」，似乎都是對方帶著生意上門來洽談。

「我們沒有要強打自己品牌的念頭。總之，我們的工作是讓目前合作的製作廠商能穩定經營，好好支付員工的薪水。另外，也會站在消費者的立場，思考公道的價格。隨時提醒『如果是自己要買的話？』」

兩人就是以這般腳踏實地的理念為主軸，協助珍貴的傳統產業。意外的是，她們並不打算以「這項產業的歷史」或是「艱苦的現況」來當作故事行銷物品。

「當然，我們也希望能為延續在地優良技術及產業盡一份心力。然而，縱有再精彩動人的背景故事，要是百圓商店的東西比較好，大家還是會往那裡去。如果想以表面的概念來行銷，就不需要F/style了。我們要做的是將有購買價值的物品，以理想的價格推出，不用戲劇化的故事，純粹只是『需要的話請參考』。」

倉庫兼出貨空間。商品都放在竹籐籃裡保存。

不貪心

「人呢，只要不貪心地擷取身邊的資源，其實就能和平生存。」這句話令我印象深刻。她們說，「在受限的環境中盡全力，就能持續給予力量」、「真正需要的支援，就會很奇妙地出現」。

我雖然沒有「想要很多」的慾望，卻對於「想去很多地方，增廣見聞」這類人生體驗有強烈嚮往。「到時候就坦然接受緣分。」她們倆的話，深深烙印在我心裡。

F/style
新潟市中央區愛宕1-7-6
TEL：025-288-6778
E-mail：mail@fstyle-web.net
http://www.fstyle-web.net
展示中心營業時間⇒週一、週六 11時～18時
＊由於經常出差，會臨時休息。建議顧客可以事先來電或以E-mail確認營業時間。

新潟 探訪創作的魅力

2

snow peak 三条市

snow peak（雪諾必克）總公司位於新潟縣三条市的戶外休閒用品廠商。1980年代，現任社長山井太以全球先驅之姿，推出「自動帳篷」，廣受大眾喜愛。自此之後，他以同樣做為一名使用者的角度，貫徹以顧客為本的態度，開發製造自己真正想要的產品，在日本全國有相當多品牌愛好者。以「人生充滿大自然野趣」的宗旨，在總公司設置露營場，朝多個領域發展。

採取無固定座位的開放式辦公室。有時候客服人員接到顧客的電話，後方可能就坐著該產品的開發人員（戴著耳機）。

我第一次購買snow peak的產品是焚火台。根據購買時銷售人員的說明，這個焚火台在不會損傷到地面或草地之下，可以充分享受到露營時燒營火的趣味。而且非常耐用，能當作一輩子的好夥伴。露營用具就是要陪伴人走一生，並時時營造出美好回憶。在這些說明裡，在在讓我感受到這間公司的熱忱。

是創作者，同時也是使用者

snow peak一開始是以五金批發商起家。現任社長結束在東京的上班族生涯，回到家鄉三条時，因為「我很喜歡露營，卻找不到自己想要的用具。既然這樣，就來做自己心目中理想的用具吧！」於是拋開成本考量，著手開發設計性高、耐用且不會漏水的帳篷。相對於當時市面上多數帳篷維持一萬日圓左右的行情，snow peak的產品竟要價十六萬

運用燕三条地區獨特的鑄鐵技術開發出又輕又薄的「鑄鐵荷蘭鍋」。有當地的專業工匠與創意人，堪稱得天獨厚的環境。我下一個想擁有的snow peak產品就是這只鍋！

八千日圓。」推出時很多人跟他說，應該賣不出去吧？沒想到第一年就賣掉一百頂。在這一刻他發現，只要產品夠好，一定會有人想要。

公司裡的員工，全都是真心喜愛戶外休閒活動的人。實際在野外不斷找到靈感，「要是有這種產品就好了！」

在snow peak的生產流程中，產品開發負責人從企劃設計到成本估算、產品量產化全部包辦。開發課的小林悠表示，「我前一份工作採取分工制，經常出現產品離手之後，到銷售市場上變成完全不同的東西。但是，在這裡，從一開始的企劃到製造生產全都由我負責，『自己想創作的產品』、『我認為大家需要的產品』等，這些當初企劃的初衷都不會出現模糊或扭曲的情況。」

可靠的戶外休閒活動前輩

snow peak無懈可擊的高品質、以使用者為本的設計，加上簡潔又具功能性，為品牌贏得不少忠實的愛好者。其中還有使用者一看就知道「這項產品是某某人開發的吧。」這是因為創作者的個性充分展現在產品上，也證明了製作者與使用者的距離有多近，是一間「看得出各個員工風格」的公司。

這次受訪的企劃本部服務課經理伊豆昭美（左）與企劃本部開發課經理小林悠（右）。

對我這個露營菜鳥來說，能擁有一群身經百戰的露營行家創造出的「好用」工具，就像有了可靠的前輩當作後盾，頓時勇氣百倍。

聽說snow peak接下來打算提出的概念是都會區居民也能在鄰近公園或陽台上享受「都市戶外休閒」之樂。真期待儘快看到他們推出適合輕鬆野營用的各項工具！

snow peak
新潟縣三条市中野原456
TEL：0256-46-5858
http://www.snowpeak.co.jp
占地約5萬坪的總公司，有銷售snow peak的直營店，還有自動帳篷區。此外，目前在日本全國的直營店與專櫃也持續拓展中。
＊總公司開放參觀（不需預約＊參觀時間請參考官方網站）

目前持續回購使用的好東西！

紙膠帶
霧白色與透明膠帶台

用來標示保存容器的內容物，或是封口……，用起來就與透明膠帶差不多。（kamo井加工紙）
透明的壓克力膠帶台與紙膠帶的尺寸相符，容易切割使用方便。（無印良品）

棉質
室內鞋

到客戶家進行到府收納諮詢服務時使用。也試過其他牌子，不過這款穿起來無比舒適，加上耐用的鞋底，讓我買了第二雙。

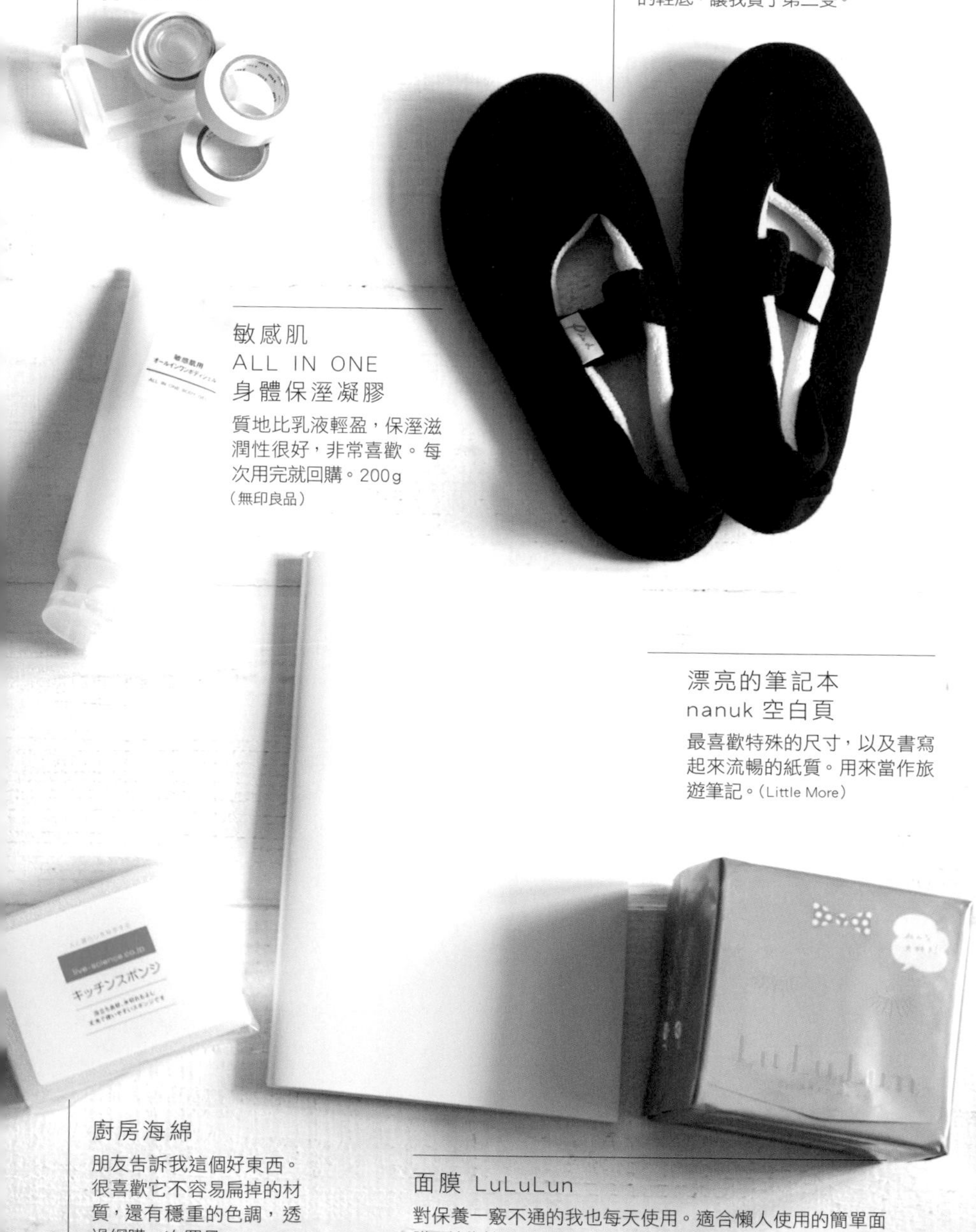

敏感肌
ALL IN ONE
身體保溼凝膠

質地比乳液輕盈，保溼滋潤性很好，非常喜歡。每次用完就回購。200g
（無印良品）

漂亮的筆記本
nanuk 空白頁

最喜歡特殊的尺寸，以及書寫起來流暢的紙質。用來當作旅遊筆記。（Little More）

廚房海綿

朋友告訴我這個好東西。很喜歡它不容易扁掉的材質，還有穩重的色調，透過網購一次買足。
原色海綿（石鹼百貨）

面膜 LuLuLun

對保養一竅不通的我也每天使用。適合懶人使用的簡單面膜。就像抽取式面紙一樣，從上方輕鬆抽出。42片裝。（GLIDE ENTERPRISE）

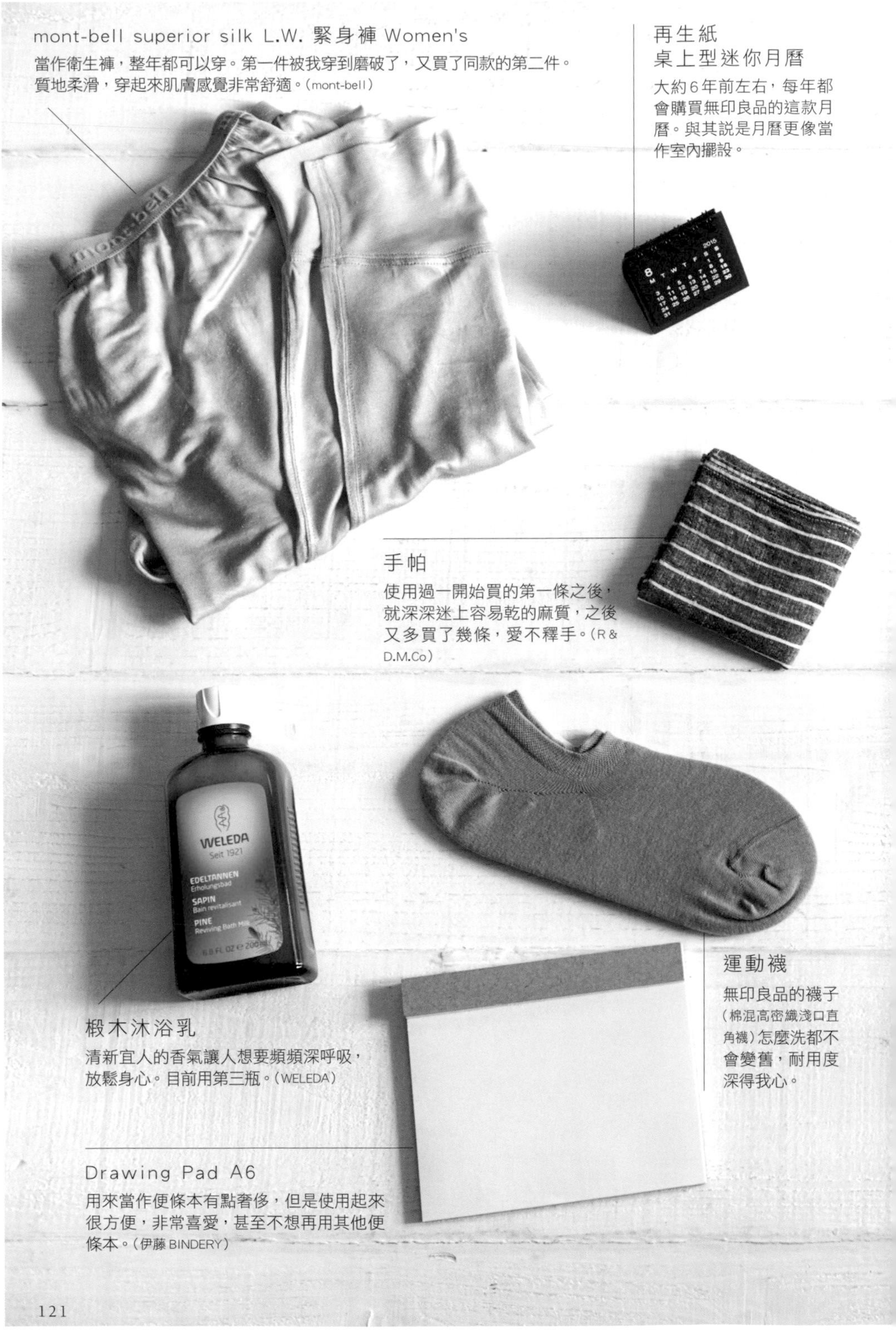

mont-bell superior silk L.W. 緊身褲 Women's

當作衛生褲，整年都可以穿。第一件被我穿到磨破了，又買了同款的第二件。質地柔滑，穿起來肌膚感覺非常舒適。（mont-bell）

再生紙 桌上型迷你月曆

大約6年前左右，每年都會購買無印良品的這款月曆。與其說是月曆更像當作室內擺設。

手帕

使用過一開始買的第一條之後，就深深迷上容易乾的麻質，之後又多買了幾條，愛不釋手。（R & D.M.Co）

椴木沐浴乳

清新宜人的香氣讓人想要頻頻深呼吸，放鬆身心。目前用第三瓶。（WELEDA）

運動襪

無印良品的襪子（棉混高密織淺口直角襪）怎麼洗都不會變舊，耐用度深得我心。

Drawing Pad A6

用來當作便條本有點奢侈，但是使用起來很方便，非常喜愛，甚至不想再用其他便條本。（伊藤 BINDERY）

令人期待的伴手禮 —— Souvenir

鹹番茄乾

到別人家作客時吃到的，因為實在太好吃，在我們家也掀起一陣旋風！每個吃過的人都說像糖果一樣，大感驚訝。
秩父 Nakaiya 農園　一盒 80g。
E-mail 訂購：nakaiya_farm@yahoo.co.jp

「あも」是什麼？

あも（Amo）

最適合當作茶點的甜食。用紅豆泥與糯米做的「羽二重餅」製作的日式甜點。由於保存期限稍長，很適合當作伴手禮，我也常買來送人。
叶　匠壽庵
http://www.kanou.com

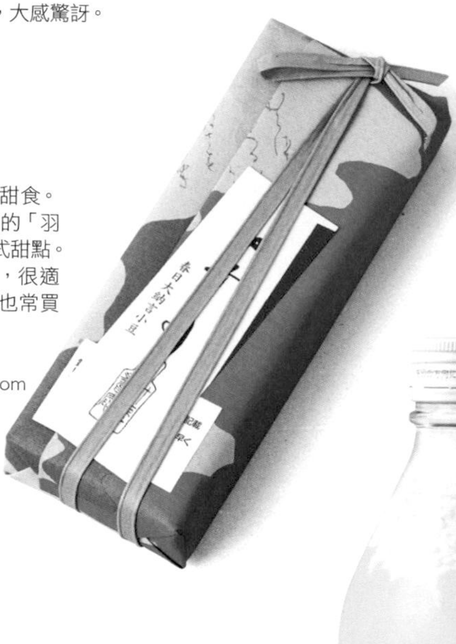

MOROCCAN
薄荷茶

這也是我們家不可或缺的一品。推薦送給喜歡花茶的人。包裝也很精美，送禮一定大受歡迎。
far leaves tea
OLDMAN'S TAILOR　TEL 0555-22-8040

釀酒人的甘酒

在松本市的酒舖試喝之後就愛上，定期訂購，也會分贈給其他朋友。搭配優酪乳以 1:1 調勻，好喝得不得了！
善哉酒造株式會社　500ml
TEL 0263-32-0734
yoikana@po.mcci.or.jp

充滿喜悅的禮物 —— Gift

ao 寶寶禮盒

（內衣與圍兜組）

紗布的觸感輕柔，加上洗後很快乾，最適合夏天送給寶寶。

http://www.ao-daikanyama.com

木扣

獨樹一格的可愛造形深獲好評。也是我日常愛用的一件。

petalwork

http://www.petalwork.net/

mont-bell 的童裝服

圖案T恤款式豐富，每種圖案都非常可愛。從嬰兒到幼兒，尺寸齊全，有兄弟姊妹的小朋友還能送相同款式，收到時一定很開心。

mont-bell 線上商店

http://webshop.montbell.jp

Moisture Herbal Mask

（保溼面膜）

當初收到這個非常喜歡，之後也成了我挑選小禮物時的候選品項。香氣舒適宜人，一邊保養一邊放鬆身心。

MARKS&WEB　一組4片

www.marksandweb.com

uka 護甲油

（13：00）

日常生活中方便使用的滾珠瓶護甲油。想變換心情時推薦也可以直接塗抹在肩頸部。

uka 東京辦公室

TEL 03-5775-7828

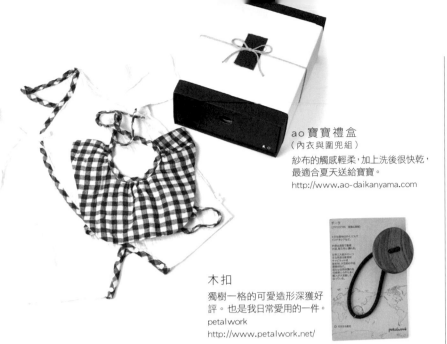

結語

30歲之後，明顯感受到「隨時想要一身輕」的心情愈來愈強烈。似乎因為了解到人生苦短，在有限的「時間」內幸福過日子的想法變得逐漸重要。在世上擁有的東西，最後沒有一樣能帶走。因此，我希望在嚥下最後一口氣時，想起曾認識、珍惜的人，與他們之間的對話、曾見過的美麗風景，品嘗過的美食……，回憶起一輩子的種種「經驗」時，會有「啊！人生真幸福！」的欣慰。

每次聊起這些事，身邊朋友會很驚訝問我：「你這個年紀就有這種想法!?」幸好，也有一些人有同感，「對！我懂！」於是，就有了這本書。

雖說「想要一身輕」，我同時又是個相當戀物的人。如果想要一只馬克杯，在遇到「就是這個！」的滿意款式前，無論花多少工夫、多少時間，我都不在意，而且也十分享受這段過程。換句話說，這是不受物慾支配的選品。無論過去、現在，或許往後也是，我想，如何與物慾和平相處都會是我人生的一大課題。

物慾從吵著要玩具的孩提時代就已經萌芽。念書時，用拿到的零用錢、打工賺來的錢買自己想要的東西，體會到那股快感。然後到了以許多的「辛苦」換來薪水的社會人時期。似乎人長得愈大愈是沉浸在滿足物慾的快感裡頭。

剛出社會的那一、兩年，還完全不了解「工作」的真正意義，我被自己的幼稚徹底打敗。當時的購物百分之百全都是「紓壓消費」。覺得沒有上班可穿的衣服，於是一件買過一件，但現在沒有留下半件。為了「哪天可能需要」而勉強保留的套裝外套，也因為沒機會穿，終於在去年清理掉。

這些慘痛的經驗，對我之後看待購物及保存物品方面有很大的影響。當初明明因為「想要」而購買的物品，沒多久就變得可有可無，這實在太悲哀。對那些物品我也深感歉疚。

有了反省，造就我當下的生活。我的人生就是一連串的「當下」。人生必定會走到終點。那麼，就把每一刻視為「當下」，舒舒服服地度過。想要過得舒適，無論身邊的物品、所處的空間、人際關係、肉眼看不到的時間與資訊……，一切都別成為重擔，才能一身輕。這就是我的理想。

「戀物，卻想一身輕」。這是我此刻的真心話。

Staff Credit

企劃・執筆協力　矢島 史
攝影　林ひろし（封面、除內文標記以外）
　　　中島千繪美（p21下右／轉載自寶島社《Liniere》）
設計　仲島綾乃（文京圖案室）
手繪字　本多沙織
日文版編輯　小宮久美子（大和書房）

戀物、卻想一身輕。

モノは好き、
でも身軽に生きたい。

作者 本多沙織

譯者 葉韋利

封面設計 IF OFFICE

排版 L&W Workshop

責任編輯 賴譽夫

總編輯 林明月

發行人 江明玉

出版、發行 大鴻藝術股份有限公司 | 合作社出版
地址：台北市103大同區鄭州路87號11樓之2
電話：02-2559-0510 E-mail：hcspress@gmail.com

總經銷 高寶書版集團
地址：台北市114內湖區洲子街88號3F
電話：02-2799-2788

2018年1月初版 Printed in Taiwan
定價300元 ISBN 978-986-93552-9-2

戀物、卻想一身輕 / 本多沙織 著；葉韋利 譯.
-- 初版. -- 台北市：大鴻藝術合作社出版，2018.1
128面；15×21公分
譯自：モノは好き、でも身軽に生きたい。
ISBN 978-986-93552-9-2(平裝)
1. 家政 2. 生活指導

420 106023840

目前想要的物品清單

Just now!

好搭配的**白色夾克**

顏色要接近純白，
質地厚一點，而且還要連帽的款式。

沒有伸縮彈性的
絲質貼身內搭褲

睡覺時搭配睡衣穿著，
寬鬆舒服的款式。

直徑約20cm的
小平底鍋

現在用的還不到1年就不行了，
考慮接下來要買個品質稍微好一點的。

讓身體保暖的**泡澡劑**

接下來天氣要變冷了，趁這時加強身體保溫。

能從客廳看到綠意的
二手屋

今年要開始尋覓新家！